列島自然めぐり

ここが見どころ 日本の山

——地形・地質から植生を読む——

写真・解説◉小泉 武栄　佐藤 謙

文一総合出版

はじめに

数年前、私は平《ひら》ヶ《が》岳《だけ》という山で変わった体験をした。山頂の標柱のそばに立っていたら、２人組の男性が勢いよく登ってきて、三角点の石柱の頭をペタンとたたき、脇目も振らずに降りていったのである。呆《あっ》気《け》にとられ、そばにいた人に「あれは何？」と聞いたら、「あぁ、百名山病患者ですよ」との返事。ここまで極端な人を見るのは、はじめてだったので驚いたが、池《ち》塘《とう》の点在する美しい景観にも、植物にもまったく関心がない様子に、何ともったいない登り方をするのだろうと思わされた。

山に登る人には、いくつかのタイプがある。一番多いのがスポーツとして登山をする人で、約半数が該当する。これには上の百名山愛好家や登頂の達成感を求める人、健康維持を目的とする人などが含まれる。次に多いのは、ストレス解消や癒しを求める人で、３割ほどになる。いずれも山は好きだが、山の自然にはあまり関心がなさそうである。そして残りの２割が高山植物や自然景観を好む人だが、意外に少ないのに驚く。

スポーツ登山やストレス解消登山も悪くはないが、せっかく山に登るのだから、山の自然をよく理解し、もっと知的に山を楽しんでもらいたい、そしてできたら山に対する畏敬の念をもってもらいたい。私は山の自然の研究をしながら、そのように考えてきた。本書の執筆の動機もここにある。

本書は、単に山に登っている人たちを、未知の素晴らしい山の世界へいざなおうというものである。いわば知的登山の勧めであり、個々の山の自然の見どころを紹介したガイドブックでもある。ぜひ新しい世界に足を踏み入れていただきたい。

小泉武栄

目次

目次地図❶　北海道、東北エリア

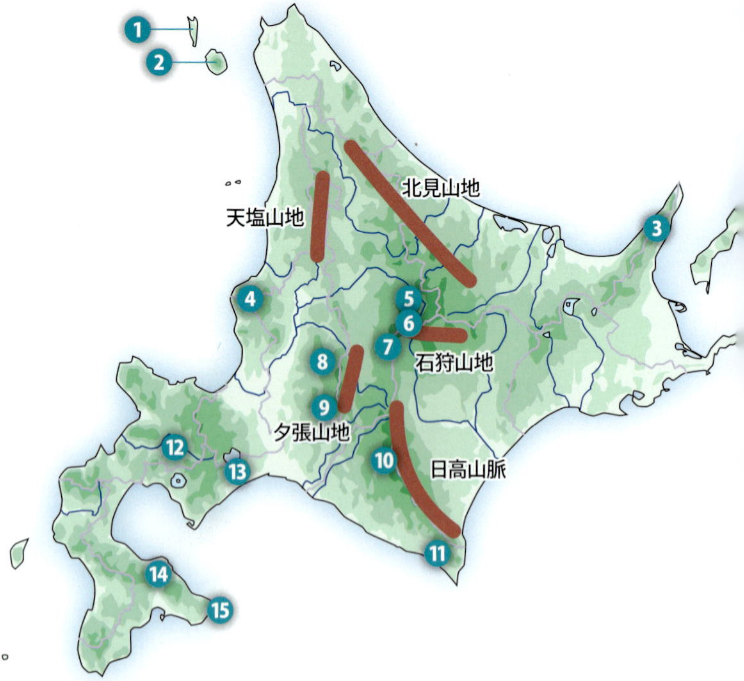

北海道エリア

東北エリア

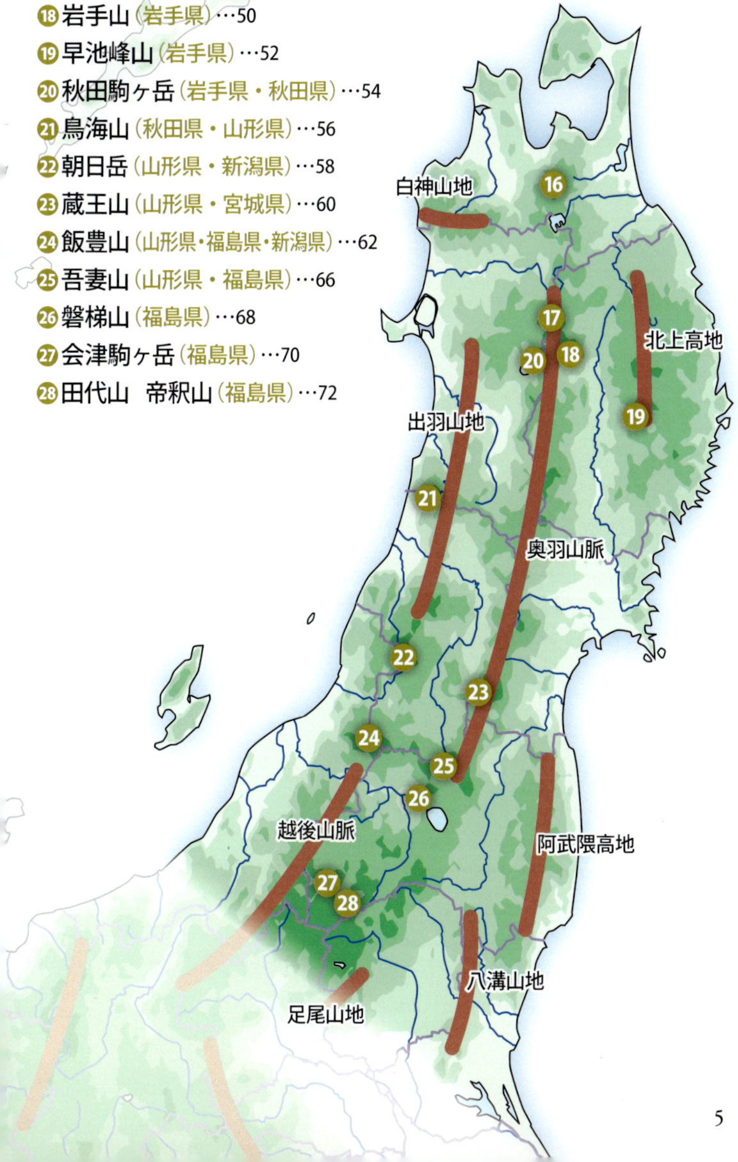

白神山地
16
17
20
18
北上高地
19
出羽山地
21
奥羽山脈
22
23
24
25
26
越後山脈
阿武隈高地
27
28
八溝山地
足尾山地

目次地図❷ 上信越・関東、日本アルプス、中部エリア

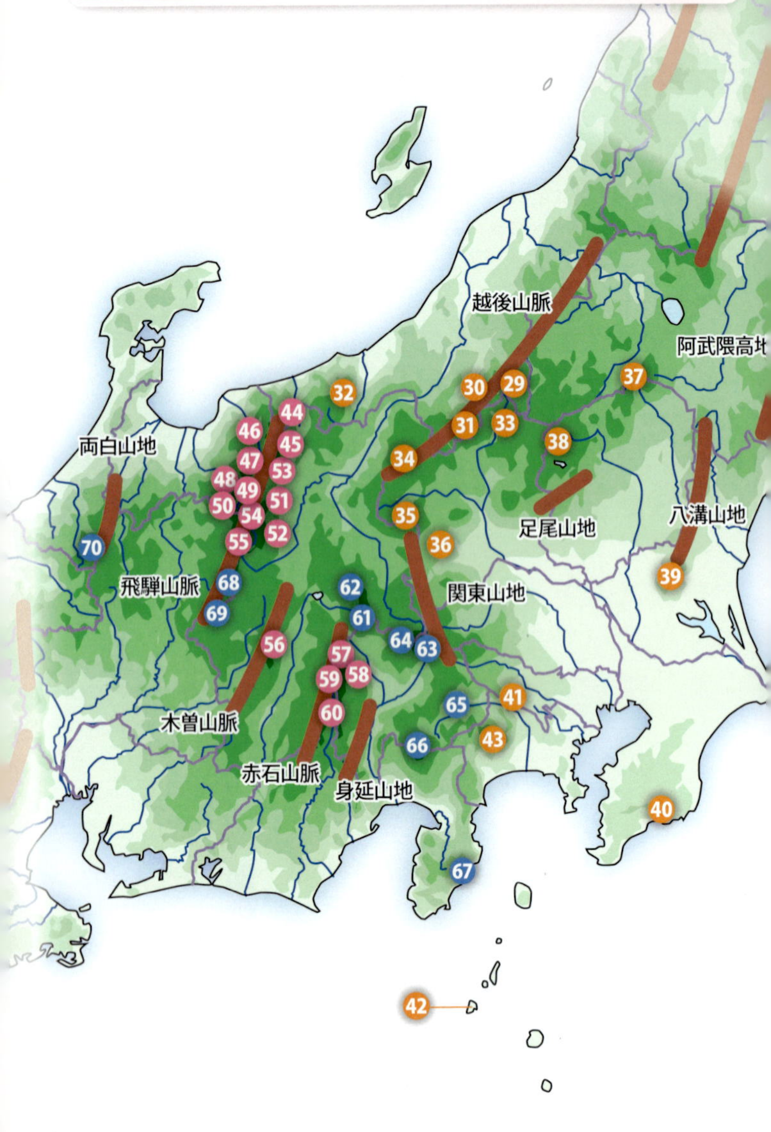

上信越・関東エリア

㉙平ヶ岳（新潟県・群馬県）…74
㉚巻機山（新潟県・群馬県）…76
㉛谷川岳（新潟県・群馬県）…78
㉜妙高山 火打山（新潟県）…80
㉝至仏山 燧ヶ岳（群馬県・福島県）…82
㉞草津白根山・本白根山（群馬県）…84
㉟浅間山（群馬県・長野県）…86
㊱妙義山（群馬県）…88
㊲那須岳（栃木県・福島県）…90
㊳日光白根山（栃木県・群馬県）…92
㊴筑波山（茨城県）…94
㊵清澄山（千葉県）…96
㊶高尾山（東京都）…98
㊷天上山（東京都）…100
㊸丹沢山地（神奈川県）…102

日本アルプスエリア

㊹白馬岳（北アルプス）…104
㊺鹿島槍ヶ岳（北アルプス）…108
㊻剱岳（北アルプス）…110
㊼立山（北アルプス）…112
㊽薬師岳（北アルプス）…116
㊾雲ノ平（祖父岳）（北アルプス）…118
㊿黒部五郎岳（北アルプス）…120
(51)燕岳（北アルプス）…122
(52)蝶ヶ岳（北アルプス）…124
(53)蓮華岳（北アルプス）…126
(54)槍ヶ岳（北アルプス）…128
(55)穂高岳（北アルプス）…130
(56)木曽駒ヶ岳（中央アルプス）…132
(57)甲斐駒ヶ岳（南アルプス）…134
(58)鳳凰山（南アルプス）…136
(59)北岳（南アルプス）…138
(60)赤石岳（南アルプス）…142

中部エリア

(61)八ヶ岳（長野県・山梨県）…144
(62)縞枯山（長野県）…148
(63)金峰山（長野県・山梨県）…150
(64)瑞牆山（山梨県）…152
(65)岩殿山（山梨県）…154
(66)富士山（山梨県・静岡県）…156
(67)天城山（静岡県）…160
(68)乗鞍岳（長野県・岐阜県）…162
(69)御嶽山（長野県・岐阜県）…164
(70)白山（石川県・岐阜県）…166

目次地図❸　近畿・中国・四国、九州エリア

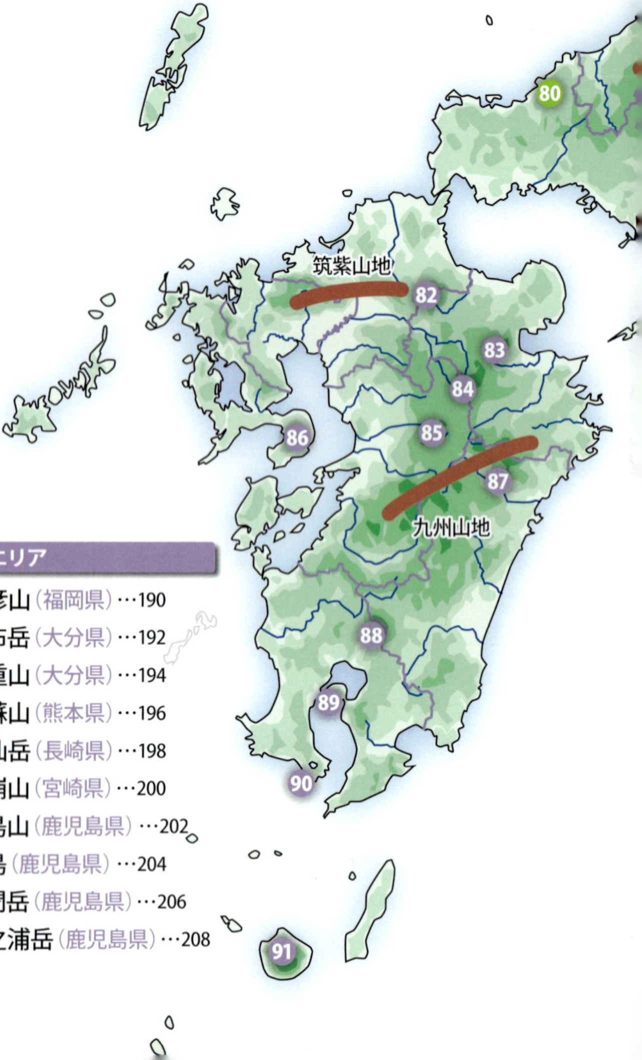

九州エリア

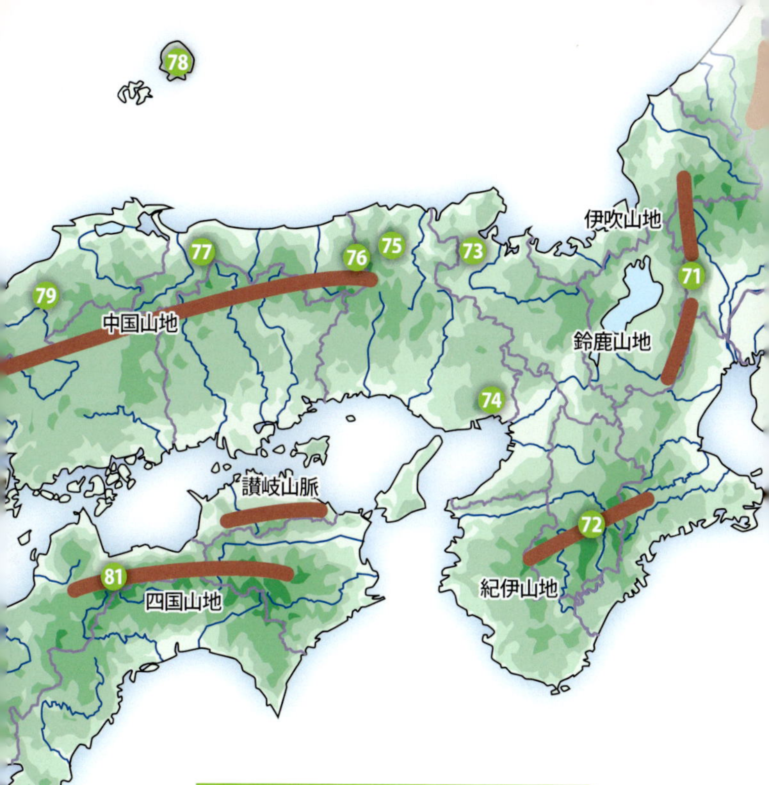

近畿・中国・四国エリア

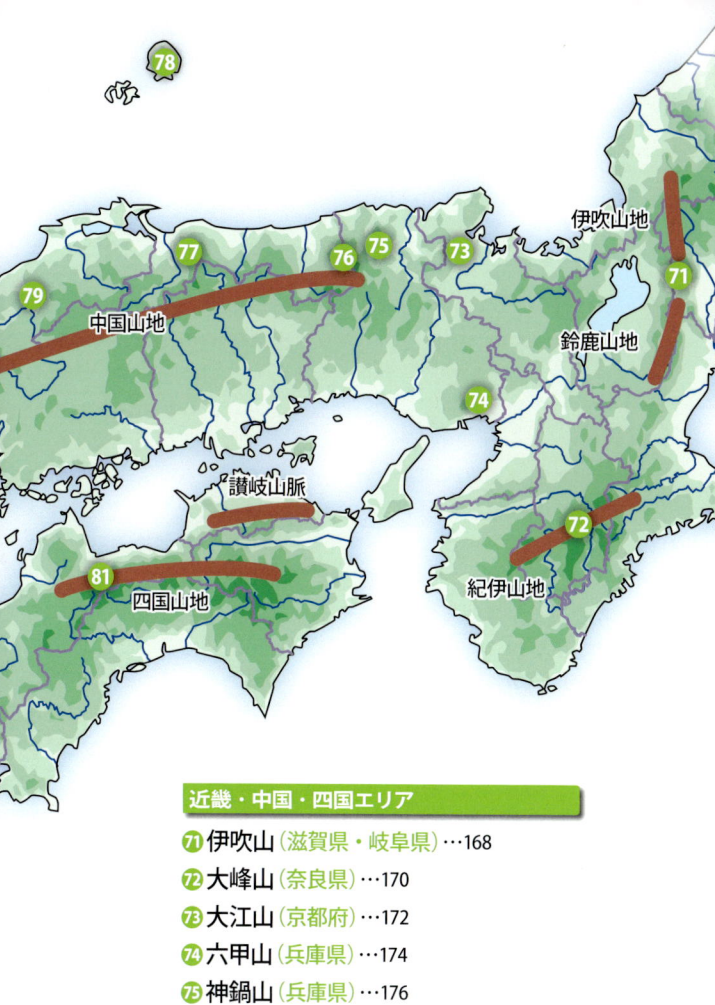

山歩きの楽しみ方

POINT 1 「日本の山の素晴らしさ」

日本の山は美しい。残雪とさまざまな植物群落に恵まれた北アルプスの山々や飯豊山《いいでさん》・朝日岳《あさひだけ》、広大なお花畑を擁する大雪山《たいせつざん》や白山《はくさん》、岩峰が見事な劔岳《つるぎだけ》や槍穂高《やりほだか》・谷川岳《たにがわだけ》、かんらん岩の岩塊斜面が特異な植生を育む早池峰山《はやちねさん》や至仏山《しぶつさん》、湿原に池塘《ちとう》が点在する尾瀬ヶ原《おぜがはら》や会津駒ヶ岳《あいづこまがたけ》・平ヶ岳《ひらがたけ》、固有種に富む北岳《きただけ》や夕張岳《ゆうばりたけ》。火山の植生が多彩な御嶽山《おんたけさん》や鳥海山《ちょうかいさん》・浅間山《あさまやま》、森林が見事な南アルプスや帝釈山《たいしゃくさん》系の山々、遠くから見た姿が美しい富士山《ふじさん》や霧島山《きりしまやま》、そして渓谷が美しい上高地や南紀州の山々。どの山を取り上げても個性的で、ひとつとして同じ山がない。こんな国は世界広しといえども、日本しかない。この本を手に取った皆さんには、まずこのことを認識してもらいたいと思う。

こうした山の個性はどのようにして生まれたのだろうか。本書はそれについて簡潔に解説したものだが、最初に山の個性を把握するために用いた、私たちの考え方を述べておきたい。それは地生態学の考え方である。

侵食から免れた岩峰。岩手山。

山頂部に広がる美しい池塘と高層湿原。会津駒ヶ岳。

POINT 2 「地生態学の考え方とは」

地生態学とは、植物や植生がなぜそこに分布しているのかを、地形・地質や自然史から説明する、複合的な分野である。

これまで山の本といえば、ほとんどが登山の記録、あるいは紀行文で、著者がどこで何をしたかがその中心であった。いわば山の英雄たちによる山への挑戦の記録である。したがって主人公はあくまで人間で、そこには山の自然についての記述はごく少ない。

一方、山の自然についての本は、その多くがその山に生育する植物の図鑑であって、ほとんどが植物の検索を目的にしたものである。植生について書いたものもあるが、なぜ群落がそこに分布しているのかについては、まず触れていない。なかには大場達之さんの書かれた図鑑のように、植物の生育している場所の地形・地質に触れたものもあるが、それは例外的といってよい。ほかの分野のものは数えるほどでしかなく、私が関わったものでは『百名山の自然学』(古今書院)という本があり、内容は画期的なものだが、説明はどうしても山の地形に偏りがちであった。

これはこれまで山の研究が分野ごとに行われてきたことに原因がある。たとえば、山を構成する地質や岩石は地質学の研究対象だったし、カールや二重山稜《さんりょう》や滝は地形学の対象であった。火山活動や火山地形は火山学の対象であり、湿原や高山植物などは植物生態学の問題であった。また風や雪や雨は気候学、残雪や氷河は雪氷学、川は河川学の対象であった。いわばそれぞれの分野が、山の自然のなかから自分の得意な部分を切り取って研究を進めてきたわけである。しかしこんな風にバラバラでは、山の個性の把握など望むべくもない。そこで私たちが用いたのが地生態学の考え方である。

POINT 3 「自然のつながりが山の個性をつくる」

地質の境界。色が違い、稜線の高さや植生が異なる。

地生態学では、自然のつながりを重視する。最初に注目するのは、山をつくる岩石(地質)である。岩には風化や侵食に強い岩や弱い岩があり、前者は岩峰や崖をつくるが、後者は稜線《りょうせん》上の鞍部《あんぶ》をつくったり、崩れて砂礫《されき》地や崩壊地をつくったりし、ところによっては地滑りを起こしたりする。このように岩石が異なると地形が違ってくるが、地形が違うと今度は土壌のでき方や水分条件が違ってくる。つまり地質が異な

湿原を挟む花崗岩《かこうがん》の岩場はネズコの森になっている。平ヶ岳《ひらがたけ》。

ると、自然のシステム全体が違ってくるのである。

地形や土壌や水分条件が違ってくれば、植生が違ってくるのは話の成り行きとして想像できるだろう。高山では実際のところ、風が強く当たる斜面と、風が弱く雪が溜まりやすい斜面があり、それがもっとも重要な条件になっていて、気候条件と地形の両者が相まって植生の分布や自然景観を決定することが多い。たとえば、多雪山地で水はけの悪いなだらかな土地や浅いへこみがあれば、そこにはほぼ例外なしに湿原や湿性草原が発達する、といった具合である。本書で、つながりのなかで自然を理解することの醍醐味をぜひ味わっていただきたい。

POINT 4 「火山の植生から推定する噴火の歴史」

日本の高山には火山が多い。いわゆる百名山のうち 45 は火山であり、この比率は北海道・東北で高まる。北海道では 9 山のうち 8、東北では 15 山のうち 12 が火山である。日本アルプスには非火山が多いために全体としてはバランスが取れているが、日本列島が火山国であることを示す数字であるといえる。ほかには関東周辺と九州に火山が多い。

中部以北の新しい火山にはコマクサやコメススキ、ガンコウランが、九州の火山にはミヤマキリシマが多いという特色があるが、これまで火山の植生についての研究には大きな偏りがあった。論文の数は決して少なくないが、そのほとんどは噴火後、10 年、50 年、あるいは 100 年、200 年経って植生がどう変化したか、という植生遷移に関するものに限られているのである。十勝岳《とかちだけ》、北海道駒ヶ岳《ほっかいどうこまがたけ》、磐《ばん》梯山《だいさん》、浅間山《あさまやま》、富士山《ふじさん》、伊豆大島《いずおおしま》、八丈《はちじょう》島《じま》、三宅島《みやけじま》、桜島《さくらじま》など各地で調査が行わ

ガンコウラン群落。安達太良山《あだたらやま》。

ミヤマキリシマ。高千穂峰《たかちほのみね》。

大型火山の多彩な植生。御嶽山・三ノ池付近。

れているものの、基本的なパターンは一緒である。

大きな火山では、噴火の年代がすべて明確なわけではない。わかっているのはだいたい江戸時代以降か、明治時代以降に限られている。しかし、たとえば御嶽山《おんたけさん》に登ると、高山帯の植生分布は極端なモザイクになっている。ある場所は先駆植物だけが生え、あるところはハイマツのような極相に近い植物だけが生えている。そしてその中間の植物群落も分布している。つまり植物群落の分布はモザイク状になっていて、それぞれの場所の噴火の歴史を反映したものだと想定できる。ところが、これまでは誰もそういう説明をしてこなかった。噴火の年代が明らかな場合は、こう変化したという話をするが、年代が不明の場合は一切話がないのである。だから御嶽山のような大きな火山については、長期の噴火史を考慮した本格的な火山植生誌というのはまだできていないといってよい。

多少ましな場合は、この山にはこういう群落がある、これは火山噴火の影響を受けてできた群落だろう、と書いてある。しかし、それがいつの噴火によるものかについては、記載がない。これではちょっと困るのではないかというのが私の考えである。本書ではこうした点にもできるだけ踏み込むことにした。山によっては植生から噴火の時期を推定した事例もある。これには批判も出ると思うが、ひとつのたたき台として提案しておく次第である。

自然観察会に出ると、相変わらず植物や昆虫、鳥などの名前を教えてくれてそれでお終いというものが多い。これはこれで意味があるとは思うが、いつまで経ってもそれだけということででは、やはり芸がないというべきであろう。

本書は実際に山に登る際にも持っていけるように、コンパクトなものにした。ザックの取り出しやすい場所に入れていき、本書で紹介するつながりをぜひ現地で確認していただきたい。登山が今までよりはるかに楽しくなること、受け合いである。どうかよろしく。

礼文島《れぶんとう》

冬の季節風と古く脆《もろ》い地質と高山植生と

歩道沿いに綺麗な高山植物が咲き乱れる、日本最北の「花の島」礼文島。最高標高 490 m の礼文島において、なぜ、海岸から広く高山植物が生育し、高山植生が発達するのだろうか。

まず、東海岸が広く森林に被われるのに対して、高山植生は西海岸に発達する。この植生配列は、明らかに冬の季節風と関係する。西海岸では風当たりの強い突出した崖地や山稜《さんりょう》に、高山風衝草原、荒原群落、ハイマツ低木林が成立し、谷筋に雪崩地広葉草原が見られる。

次に、古く脆い地質が重視される。礼文島の地質は、白亜紀の火山砕屑《さいせつ》岩や新第三紀の礫岩《れきがん》・砂岩《さがん》などの堆積層からなり、西海岸で崖地や不安定な岩礫《がんれき》地として露出する。これらの露岩地が高

西海岸のアナマ。西に向く左側斜面に風衝草原と荒原群落、東に向く右側斜面にトドマツ林と広葉草原が見られる。

山稜の西側に成立するガンコウラン群落。

▲西海岸の露岩地に生育するフタナミソウ（礼文島固有種）。

◀西海岸の風衝地に多いエゾウスユキソウ。

山植物群落の立地となる。ただし、不思議なことに、地質が違う区域ごとに高山植生も明らかに異なっている。

新第三紀堆積層の南部（桃岩《ももいわ》・元地《もとち》など）と北部（召国《めしくに》・鉄府《てっぷ》など）では、露岩上にレブンソウ（礼文島固有種）が特徴的な風衝草原、山稜にガンコウランが優占する風衝地矮性《わいせい》低木群落、風下側斜面にレブンキンバイソウ（東アジアに分布、国内では礼文島に限られる）、レブンアツモリソウ（礼文島固有変種）などからなる広葉草原が発達する。これらに対して、白亜紀の地質が形成する中部（ウェンナイ・アナマなど）では、露岩上にフタナミソウ（礼文島固有種）、ウルップソウなどの風衝草原とカラフトマンテマ、ヒメイワタデなどの荒原群落が成立する。

❷ 北海道

利《り》尻《しり》山《ざん》

地形変化に応じた植生配列。尾根のハイマツ低木林、雪崩地の広葉草原、そして崩壊地の荒原群落。
［宮本誠一郎氏撮影］

ボタンキンバイソウが咲く雪崩地広葉草原。

尾根筋のハイマツ低木林と谷筋に発達するミヤマハンノキ低木林。

◀山麓のトドマツ林が中腹で森林限界に達する様子。　［宮本氏撮影］

日本最北の高山帯

日本最北の高山、利尻山（1721 m）は海上に浮かぶ端正な山容が素晴らしい。この山は、第四紀初期の安山岩《あんざんがん》からなる成層火山であるが、著しい侵食によって、峻険《しゅんけん》な山稜《さんりょう》と深い開析谷が形成されている。急峻《きゅうしゅん》な登りになる実際の登山では、雪崩地や崩壊地など厳しい環境に応じた利尻山特有の植生を体感していただきたい。

山麓の斜面はトドマツ林に被われ、開析谷の岩礫《がんれき》地ではミヤマハンノキ低木林が発達する。トドマツ林の上限、森林限界は、鴛泊《おしどまり》と沓形《くつがた》の登山路沿いで標高 500 m 付近、全域では標高 900 ～ 1000 m にある。森林限界を超えるとハイマツ、ダケカンバ、ミヤマハンノキの各低木林が記述の順序で尾根筋から谷筋に向かう配列を示す。利尻山の低木林は、道内各地の高山とは異なり、1000 m 以上の標高範囲に広がる。これは、海上の独立峰として、季節を問わず強風にさらされているからである。

標高 1300 m 以上の高山帯では、国内に類例のない高山植生が発達する。開析谷に向かう急峻で不安定な崩壊斜面にリシリヒナゲシ（利尻山固有種）、シコタンハコベなどがまばらに生える荒原群落、岩稜《がんりょう》上にはリシリゲンゲ（利尻山と夕張岳《ゆうばりだけ》に限られる北海道固有種）が特徴的な風衝草原が見られる。雪崩斜面では、上部にエゾノハクサンイチゲやミヤマハルガヤ（東アジアに分布、道内では利尻山に限られる）、中下部にはボタンキンバイソウ（利尻山固有種）やリシリオウギ（北アジアに分布、道内では利尻山と大雪山《たいせつざん》に限られる）がそれぞれ優勢な広葉草原が広がる。

羅臼岳《らうすだけ》

安山岩《あんざんがん》質集塊岩地に見られる高山植物

知床《しれとこ》半島の最高峰、羅臼岳（1660.4 m）。山地帯ではミズナラ、トドマツなどからなる落葉広葉樹林、針広混交林、針葉樹林が見られ、亜高山帯と高山帯は、それぞれダケカンバ林とハイマツ低木林に広く被われる。

羅臼岳の高山植生は、大雪山《たいせつざん》（P.22 ～ 25）とほぼ共通している。山頂、西尾根、吹き抜け鞍部《あんぶ》などの風衝地にミネズオウ、チシマツガザクラなどが密生する矮性《わいせい》低木群落と、メアカンフスマ、メアカンキンバイなどがまばらに生える荒原群落が見られる。東斜面や凹地などの雪田では、エゾノツガザクラ群落とアオノツガザクラ群落、雪田底砂礫《されき》地にチシマクモマグサ群落、雪田流水沿いにオクヤマワラビなどからなる草本群落が成立する。

羅臼岳を望む。山地帯の針広混交林、亜高山帯のダケカンバ林、そして高山帯のハイマツ低木林に至る垂直分布帯。

オホーツク展望付近。針広混交林やミズナラ林に囲まれた安山岩質集塊岩地。

安山岩質集塊岩（ウトロ・オロンコ岩）。

◀安山岩質集塊岩地のエゾノヨモギギク（オロンコ岩）。

高山帯と飛び離れた低標高地、オホーツク展望（標高 500 〜 560 m／ウトロ側登山路沿い）にも高山植物が出現する。ここは針広混交林が成立する山地帯にあるが、安山岩質集塊岩地にシコタンソウ、キクバクワガタ、ミヤマハイビャクシンなどの高山植物が生育する。大小さまざまな砂礫が集まった安山岩質集塊岩は、成因の上では、新第三紀の海底噴火によってマグマが急冷・破砕・堆積したもので、崩れやすく乾燥しやすい厳しい環境となる。このような安山岩質集塊岩は、知床半島を通じて、山岳上部を形成する第四紀安山岩の基盤として、主に標高 200 m 以下の海崖に多く見られ、イブキトラノオ、シコタンハコベ、エゾノヨモギギクなど高山植物の低標高地における生育地となっている。

4 北海道

暑《しょ》寒《かん》別《べつ》岳《だけ》

多雪環境を示すチシマザサ群落と雪田群落

　暑寒別岳（1491.6 m）の植生は、日本海側多雪山地の地域的特徴を顕著に示す。第一に、植生の垂直分布帯は、山地帯の針広混交林、亜高山帯の針葉樹林とダケカンバ林、高山帯のハイマツ低木林などから構成されるが、亜高山帯で針葉樹林が尾根などの地形的に少雪となる場所に限られ、代わりにダケカンバ林が広く発達する。これは、トドマツなどの針葉樹が雪崩などの多雪環境に弱いからである。

　第二に、山頂部では冬の季節風の風下斜面に、チシマザサ群落とミヤマハンノキ低木林が広がる。特に、暑寒別岳と南暑寒別岳（1296.4 m）の鞍部付近に見られるチシマザサは、高さ約 3 m に達し、大人の親指ほどに太く弾力に富んでおり、とりわけ多雪な

南暑寒別岳から暑寒別岳方向を望む。ダケカンバ林の上方に雪田群落とチシマザサ群落が見られる。

斜面上方から、雪崩地広葉草原、チシマザサ群落、雪田のイワイチョウ群落、残雪、アオノツガザクラ群落、そしてミヤマハンノキ低木林が配列する。

チシマザサ群落とイワイチョウ群落。

暑寒別岳固有種のマシケゲンゲ。

環境であることを示す。

第三に、風下斜面の凹地など、多雪で湿潤な雪田では、イワイチョウ群落が一面に広がり、雪田のなかで、融雪後に乾燥しやすい凸地にアオノツガザクラ群落が見られる。

暑寒別岳の高山植生は、さらに多様である。山頂部西斜面にあるハイマツ低木林のほか、冬に吹きさらしとなる山頂にマシケゲンゲ（暑寒別岳固有種）、レブンサイコなどからなる風衝草原と、ウラシマツツジ、エゾタカネヤナギなどの風衝地矮性《わいせい》低木群落が成立する。山頂東側の急斜面には、シナノキンバイソウ、ナガバキタアザミなどの雪崩地広葉草原、西側の崩壊斜面では、キクバクワガタ、ミヤマタネツケバナなどからなる荒原群落が見られる。

大雪山《たいせつざん》 北部

中央高地の多様な高山植生

大雪山は、北海道最高標高となる山域の総称であり、「中央高地」と呼ばれる。特に北部は、標高 2000 m を超える山岳が集中する核心部で、「古大雪火山」(小泉岳《こいずみだけ》、緑岳《みどりだけ》、赤岳《あかだけ》)から、「環状火山群」(白雲岳《はくうんだけ》、北鎮岳《ほくちんだけ》、黒岳《くろだけ》)、中央火口を取り巻く「新大雪火山」(間宮岳《まみやだけ》、松田岳《まつだだけ》、北海岳《ほっかいだけ》)、そして最高峰の旭岳《あさひだけ》(2290.9 m)の順に噴出した火山群からなる。大雪山北部では、北海道でもっとも多様な高山植物群落が発達し、噴出後の時間が長いほど、高山植物群落が多様になり、高山植物の種数も豊富になる。

旭岳のミヤマクロスゲが代表する荒原群落と、中央火口を取り巻く新大雪火山のエゾイワツメクサ(大雪山固有種)が特徴づける荒原群落は、共に種数の限られた遷移初期の群落である。

古大雪火山である小泉岳山頂から、北海岳、北鎮岳方向を望む。風衝地と雪田の植生が発達する。

北海道最高峰の旭岳。遷移初期の植生に被われる。

粗い礫と細かい礫が縞模様を形成した多角形土（構造土）。

黒岳石室《いしむろ》付近。風衝地（灰褐色）、ハイマツ低木林（濃緑色）及び雪田（淡緑色）の配列が見られる。

　新大雪火山の周辺部から環状火山群では、風衝地において多角形土や階状土など構造土の微地形変化に応じて、粗い礫《れき》の部分にミネズオウ、コメバツガザクラなどの矮性《わいせい》低木群落、細かい礫の部分にコマクサなど多年草がまばらに生える荒原群落が見られる。雪田では、融雪後の乾湿や融雪時期の違いに応じて、エゾノツガザクラ、アオノツガザクラ、エゾコザクラ、チシマクモマグサがそれぞれ代表する群落が成立する。

　小泉岳周辺に限られるヒゲハリスゲ、チョウノスケソウなどからなる風衝草原と、湿潤な砂礫《されき》地に成立するタカネイ群落は、共に古大雪山に確認された永久凍土による低温環境と明らかに結びついており、氷期から続いたツンドラ植生と考えられる。

6 北海道

大雪山《たいせつざん》 中部

黄《こ》金《がね》ヶ《が》原《はら》と五《ご》色《しき》ヶ《が》原《はら》に発達する雪田植生

大雪山中部は、北部より古い時代に噴出した流動性に富む溶岩流によって形成された、緩やかな傾斜の溶岩台地が多い。その代表がトムラウシ山（2141.2 m）の西に広がる「黄金ヶ原」（1600 ～ 1750 m）と、五《ご》色《しき》岳《だけ》の南東斜面に当たる「五色ヶ原」（1600 ～ 1868 m）であり、共に雪田植生が国内最大級の規模で発達する。

黄金ヶ原は、ほとんどイワイチョウ群落に占められ、岩塊などの凸地にアオノツガザクラ群落、湿潤な凹地にタカネクロスゲ・ミネハリイ群落が成立する。イワイチョウは、秋に茶褐色に色づき、太陽に反射して一面に輝くことから、この広大な雪田は、黄金ヶ原のほかに「銀杏《いちょう》ヶ《が》原《はら》」とも呼ばれる。周辺部には、チシマザサ群落のほか、広葉草原のエゾノハクサンイチゲ群落とチシマ

化雲岳《かうんだけ》から緩傾斜の黄金ヶ原を望む。左がトムラウシ山中腹、奥に十勝連山《とかちれんざん》(P.26)が見える。

右奥に黄金ヶ原が広がる。

黄金ヶ原とトムラウシ山山腹。

五色ヶ原とトムラウシ山。

ノキンバイソウ群落が小規模に見られる。

　五色ヶ原では、雪田群落と共に広葉草原も発達する。雪田ではホソバウルップソウ、エゾコザクラ、タカネクロスゲがそれぞれ代表する草本群落と、エゾノツガザクラやチングルマが優勢な矮性《わいせい》低木群落が見られる。広葉草原として、斜面上部にエゾノハクサンイチゲ群落、周辺や流水沿いにチシマノキンバイソウ群落が広がる。上記の植物は、青、ピンク、黄、白、橙と非常に色彩豊かで、「五色ヶ原」の名の由来となっている。しかし、近年、特にエゾノハクサンイチゲ群落とチシマノキンバイソウ群落が激減し、その美しさが半減してしまった。温暖化によるチシマザサ群落の拡大と、エゾシカによる食害と踏みつけが原因と考えられる。

⑦ 北海道

十勝連山《とかちれんざん》

噴火後の時間と植物群落の多様性

　十勝連山は、富良野岳《ふらのだけ》(1911.9 m)、三峰山《さんぽうざん》(1866 m)、上《かみ》ホロカメトック山《やま》(1920 m)、十勝岳《とかちだけ》(2077 m)、美瑛岳《びえいだけ》(2052.2 m)、美瑛富士《びえいふじ》(1888 m)、石垣山《いしがきやま》(1822 m)、辺別岳《べべつだけ》(1860 m)、オプタテシケ山《やま》(2012.5 m)の順で南北一列に並ぶ火山群。十勝連山の噴出時期は、堆積物などから古期・中期・新期に区分され、中央の十勝岳が新期、富良野岳が古期、残りの山岳が中期に噴出している。中期のなかでも、オプタテシケ山と美瑛岳の噴出時期は古いが、全体的に、十勝岳から南北両端の山に向かうにつれて、古い火山になる傾向がある。

　もっとも新しい十勝岳では、標高約 900 m で森林限界に達し、ウラジロタデ、ミヤマクロスゲ、イワブクロなどからなる荒原群

十勝岳の西斜面。遷移初期の荒原群落が広がるが、左右の山岳では同じ標高範囲にハイマツ低木林が見られる。

美瑛富士と美瑛岳。針葉樹林、ダケカンバ林、そしてハイマツ低木林への垂直分布が明瞭である。

十勝岳の火山荒原に咲くイワブクロ。

落が山頂まで広がる。十勝岳から山稜《さんりょう》上を連山の両端に向かうと、ほぼ同じ標高範囲でも、風衝地や雪田の矮性《わいせい》低木群落が加わり、次第にハイマツ低木林、チシマノキンバイソウが特徴づける雪崩地広葉草原、エゾルリソウなどがまばらに生える崩壊地荒原群落が成立し、高山植物群落が多様になる。また、両端の山岳に向かうほど、森林限界が標高約 1400 m まで高まるが、山腹の植生は、十勝岳の高山荒原群落に対して、両端の山ほどチシマザサ群落やダケカンバ林などの亜高山植物群落が多様になる。

この植生配列は、火山噴出後の時間を考慮すると、過去の植生遷移が上記の順で進んだことを示唆する。十勝岳から富良野岳、あるいはオプタテシケ山への半周コースを歩くと、それを実感できる。

8 北海道

芦《あし》別《べつ》岳《だけ》

新道ルートから芦別岳山頂を見上げる。

輝緑凝灰岩からなる山頂の崖地（風衝地）。

崕山《きりぎしやま》から望む芦別岳旧道ルートの西斜面。

◀山頂部の旧道沿いに見られる緩やかな傾斜地（雪田）。

輝緑凝灰岩《きりょくぎょうかいがん》地の高山植物群落

富良野《ふらの》盆地の西側にそびえる急峻《きゅうしゅん》な芦別岳（1726.1 m）。新道沿いに、山地帯の針広混交林から、亜高山帯の針葉樹林とダケカンバ林を経て、高山帯の各種植物群落へと至る、明瞭な植生交代を観察できる。

芦別岳の高山植生は、緑色岩《りょくしょくがん》類（輝緑凝灰岩）からなる崖地と崩壊地の植物群落に特徴づけられる。旧道沿いの岩稜《がんりょう》と山頂では、崖地にウラシマツツジやクロマメノキが優占し、ツクモグサなどが出現する風衝地矮性《わいせい》低木群落や、チシマギキョウ、カラフトイワスゲ、チョウノスケソウ、ミヤマアズマギクなどからなる風衝草原が成立する。崖地周辺の崩壊地には、エゾルリソウ、ヒメイワタデ、キクバクワガタ、オオイワツメクサなどがまばらに生育する荒原群落、フタマタタンポポ、チシマゲンゲなどからなる広葉草原が見られる。なお、峻険《しゅんけん》な峡谷で一般的な登山ルートでない本谷《ほんだに》では、ダケカンバ林やミヤマハンノキ低木林に囲まれた緑色岩類の崖地にエゾルリソウなどの高山植物が出現する。

山頂から旧道を北に向かうとまもなく、緩やかな傾斜地が広がる。ここでは、エゾノツガザクラやアオノツガザクラが優占する雪田矮性低木群落と、ミヤマイが優占する雪田草原が成立する。痩せ尾根状の旧道を進むと、西斜面に風衝地群落やハイマツ低木林が見られるのに対して、東斜面ではミヤマハンノキ低木林やシナノキンバイソウ、ナガバキタアザミなどの雪崩地広葉草原が成立する。芦別岳の高山植生は、新道だけではなく旧道にも足を運んで、その多様性を観察していただきたい。

9
北海道
夕張岳《ゆうばりだけ》

崩れやすい蛇紋岩《じゃもんがん》とそれを支える緑色岩《りょくしょくがん》類

夕張岳（1667.7 m）の高山帯は、本峰、ガマ岩、夕張前岳《まえだけ》などの突出した岩峰と、「吹き通し」、「アサツキ湿原」、「前岳湿原」などの緩やかな傾斜地からなる。緑色岩類（緑色片岩《りょくしょくへんがん》）の硬い岩峰は、崩れやすい蛇紋岩を高山帯に緩やかな傾斜地として残しており、その全体が「蛇紋岩メランジュ地帯」と呼ばれる。これらの地形と地質の違いに応じて、緑色片岩地に固有な「輝緑岩《きりょくがん》類植物」や蛇紋岩地に固有な「超塩基性岩《ちょうえんきせいがん》植物」が生育し、とりわけ希少な植物が豊富である。夕張岳の高山帯は、国内に類例のない高山植物群落とそれを支える蛇紋岩メランジュ地帯が重視され、国の天然記念物に指定されている。

緑色片岩の岩峰では、ウラシマツツジ、クロマメノキなどから

緑色片岩からなる岩峰（ガマ岩）。

蛇紋岩が露出する吹き抜け鞍部（吹き通し）。

ユウバリソウ（夕張岳固有変種）。

エゾノクモマグサ（夕張岳固有種）。

ユウパリコザクラ（夕張岳固有種）。

なる風衝地矮性《わいせい》低木群落やエゾノクモマグサ（夕張岳に固有な輝緑岩類植物）が特徴づける風衝草原、崩壊地にはタカネエゾムギ（夕張岳に固有な輝緑岩類植物）、フタマタタンポポなどの広葉草原が見られる。

蛇紋岩地の吹き抜け鞍部《あんぶ》では、タカネヒメスゲやタカネシバスゲ（共に道内では夕張岳に限られる）が優勢な風衝草原と、ユウバリソウ（夕張岳の固有変種）、ユキバヒゴタイ（北海道超塩基性岩地の固有種）、ナンブイヌナズナとカトウハコベ（共に日本超塩基性岩地の固有種）などからなる荒原群落が広がる。蛇紋岩崩壊地では、シソバキスミレ（夕張岳固有種）、ホソバトウキ（北海道超塩基性岩地の固有変種）などがまばらに生える荒原群落と、エゾコウボウやユウパリコザクラ（共に夕張岳固有種）の優勢な雪田群落が成立する。

10 北海道

幌尻岳《ぽろしりだけ》 戸蔦別岳《とったべつだけ》

七つ沼カールの最上部から幌尻岳山頂を望む。

圏谷《けんこく》地形に応じた高山植生の見事な配列

アイヌ語で「大きな（ポロ）山（シリ）」を意味する幌尻岳（2052.8 m）は、北海道の中央部から南に向かって約 130 km に連なる日高《ひだか》山脈の最高峰であり、その隣に戸蔦別岳（1959 m）がそびえ立つ。この日高山脈の盟主となる山域では、「七つ沼カール」、「北カール」など、圏谷地形が数多く形成されている。圏谷地形は、氷河の侵食によって斜面が椀状に削られた地形で、日高山脈では冬の季節風の風下側に形成されている。

圏谷地形では、地形変化に応じて風衝（風当たり）や積雪の度合いが極端に変わるため、高山植物群落の配列が見事であり、登山路からその関係を一目瞭然に理解できる。圏谷地形は高山植生の配列を示す標準地として重要である。幌尻岳と戸蔦別岳の間にある「七つ沼カール」は、日本地質百選に選定されている。

「七つ沼カール」と戸蔦別岳山頂。

幌尻岳の「北カール」。

急峻《きゅうしゅん》な圏谷《けんこく》壁は雪崩地となる。ヒダカキンバイソウ、ナガバキタアザミ、チシマフウロなどからなる広葉草原が広く発達し、圏谷壁のなかで積雪が少なくなる周辺部にチシマザサ群落やウコンウツギとウラジロナナカマドの各低木林が認められる。圏谷壁の上部で広葉草原にエゾノツガザクラが混生する場合があるが、その場所だけ雪庇《せっぴ》によって局所的な多雪地になるからである。

極端に緩やかな傾斜の圏谷底は、積雪が遅くまで残り雪田となる。アオノツガザクラが優占する雪田矮性《わいせい》低木群落、ミヤマイとタカネトウウチソウ、またはタカネクロスゲとミネハリイが優勢な雪田草原が見られる。

圏谷底のなかで丘状の地形となるモレーンは、冬の風衝がかなり

戸蔦別岳から北戸蔦別岳までの山稜の西斜面（黄土色はかんらん岩地）。右に七つ沼カールの圏谷壁が見られる。

強いため、多くの場合ハイマツ低木林に被われるが、時にミネズオウ、チシマツガザクラなどからなる風衝地矮性《わいせい》低木群落や、フタマタタンポポなどがまばらに生える荒原群落が成立する。

戸蔦別岳《とったべつだけ》から北戸蔦別岳（1912 m）までの山稜《さんりょう》は、遠方から黄土色に見える「かんらん岩」から構成され、超塩基性岩《ちょうえんきせいがん》植物のユキバヒゴタイやナンブイヌナズナ（日本の超塩基性岩植物）が特徴的な風衝草原が成立する。

さらに、幌尻岳《ぽろしりだけ》山稜のミネズオウなどの風衝地矮性低木群落、西斜面上部を占めるハイマツ低木林、北斜面に多いミヤマハンノキ低木林、山腹に広く発達し森林限界を構成するダケカンバ林が見られ、地形と地質の変化に応じた植生配列を確認できる。

⑪ 北海道

アポイ岳

かんらん岩が半ば露出した山稜（7～9合目）に成立したハイマツ低木林と高山草原。山稜を挟んだ斜面に森林が見られる。

エゾキスミレ（北海道超塩基性岩地の固有変種）。

ヒダカイワザクラ（北海道超塩基性岩地の固有種）。

アポイ岳７合目付近の高山草原。

超塩《ちょうえん》基《き》性岩《せいがん》と結びついた植物

アポイ岳（810.2 m）は、低標高にもかかわらず、高山植物や固有植物など、希少な植物が非常に多く、「アポイ岳高山植物群落」として国の特別天然記念物に指定されている。

５合目以下の山麓では、アカシデ、アオハダ、ムラサキシキブなど、日高《ひだか》南部付近で北限に達する温帯性植物と、かんらん岩地に隔離分布するキタゴヨウやアカエゾマツが混生した、他地域とは異なる針広混交林が見られる。９合目以上の山頂はダケカンバ林に被われる。

アポイ岳の高山植生は、これら２つの森林域に挟まれた標高範囲（約 380 〜 720 m）でかんらん岩が半ば露出した山稜《さんりょう》に発達し、標高増加に応じた温度低下ではなく、明らかに、かんらん岩と結びついている。

かんらん岩は、蛇紋岩《じゃもんがん》と共にマグネシウムや重金属を含み、アルカリ性土壌を形成する「超塩《ちょうえん》基《き》性岩《せいがん》」として、多くの植物の生育を阻害する。土壌が薄く、超塩基性岩の影響が強く及ぶところでは、その影響に耐えられる植物や、主に高山植物をルーツに進化した「超塩基性岩植物」が生育する。アポイ岳の超塩基性岩植物は、道内最多を数え、アポイ岳固有のアポイカンバ、アポイツメクサ、アポイマンテマ、ヒダカソウ、アポイヤマブキショウマ、アポイキンバイ、サマニユキワリ、アポイクワガタと、北海道固有のエゾキスミレ、ホソバトウキ、ヒダカイワザクラ、エゾタカネニガナなどを含む。かんらん岩地は、高山植物の遺存や固有植物への進化の場として、非常に重要な役割を果たしたのである。

⑫ 北海道

羊蹄山《ようていざん》

見事な垂直分布帯と多様な高山植生

端正な山体から「蝦夷富士《えぞふじ》」と呼ばれる羊蹄山（1898 m）。北海道南西部では飛び抜けて高い独立峰で、高山植生の発達と見事な垂直分布帯から「後方羊蹄山《しりべしやま》の高山植物帯」として国の天然記念物に指定されている。「後方羊蹄山」が簡略化され、今の山名が生まれたという。

北西側の倶知安《くっちゃん》ルートでは、山地帯の針広混交林、亜高山帯の針葉樹林とダケカンバ林、そして高山植生への植生交代がはっきりわかる。ところが、南側の真狩《まっかり》ルートや東側の喜茂別《きもべつ》ルートでは、針葉樹林が認められない。エゾマツなどの針葉樹は、雪崩に弱く、冬の季節風の風下側ではうまく生育できないからである。

山頂部は、完新世に噴出した安山岩《あんざんがん》の岩塊、火山砂、浮石、ス

火口を取り巻いて成立する風衝地の荒原群落（手前）、雪田群落（火口内）、ならびにハイマツ低木林（左斜面）。

［古市竜太氏撮影］

亜高山帯上部のダケカンバ林。

徳舜別岳《とくしゅんべつだけ》から望む羊蹄山全景。

［古市氏撮影］

火口内のエゾノツガザクラ群落。

［古市氏撮影］

コリアからなるが、火砕流やガリーなどの地形ごとに砂礫《されき》の安定性が異なり、火口の内外や斜面の方位に応じて積雪量が違うので、さまざまな高山植物群落が認められる。火口外周の風衝地では、不安定な岩礫《がんれき》地でヒメイワタデ、イワギキョウ、メアカンキンバイがまばらに生える荒原群落と、安定した熔岩上にコメバツガザクラ、イワヒゲなどの矮性《わいせい》低木群落が成立する。火口内の雪田群落として、荒原のミヤマタネツケバナ群落、安定した岩礫地のエゾノツガザクラ群落、土壌発達地のミヤマキンバイ群落などがあげられる。火口外の山小屋付近では、雪田にイワイチョウ群落とエゾホソイ群落、雪崩地にカラマツソウなどの広葉草原とウラジロナナカマド低木林が見られる。

⑬ 北海道

樽前山《たるまえさん》

活動的な火山と植生遷移の繰り返し

第四紀更新世から現在まで火山活動を続けている樽前山（1041 m）。この火山は、火山岩塊、スコリア、浮石などの火山噴出物（安山《あんざん》岩《がん》）から構成され、崩れやすくガリーの発達が著しい。

山麓の植生は、自然な針広混交林、伐採跡地、風倒跡地に再生したダケカンバやシラカンバの二次林、トドマツなどの人工林からなる。７合目の登山口付近（標高 640 ～ 800 m）ではミヤマハンノキ低木林やススキ草原が成立し、標高 800 m を超えた山岳上部では、高山植物が主となる遷移初期の火山荒原植生が広がる。

急峻《きゅうしゅん》で崩れやすい斜面や、硫気《りゅうき》の影響を受けるカルデラ内の平坦な砂礫《されき》地ではイワブクロ、ヒメスゲなどがまばらに生える。イ

山頂部。イワブクロやヒメスゲがまばらに生える。　［松本明日氏撮影］

遷移初期の植生が発達する樽前山山腹と、同じ標高範囲で森林に被われた風不死岳。

上記の斜面下方、ガリーが発達する。
［松本氏撮影］

◀比較的安定したガリーに生育するシラタマノキ（背景）とウラジロタデ（手前）。

ワブクロは、この山に多いことから「タルマイソウ」の別名がある。それに対して、山稜《さんりょう》やガリー、岩礫《がんれき》堆積地など、細礫《さいれき》が流下して安定したところでは、コメバツガザクラが主体となり、場所によってガンコウラン、イワギキョウ、あるいはマルバシモツケ、イソツツジ、ミネヤナギ、シラタマノキなどの低木類が多く混生する。

　隣接する風不死岳《ふっぷしだけ》（1102.4 m）では、800 m 以上の標高範囲が亜高山帯のダケカンバ林やミヤマハンノキ低木林に被われ、樽前山の植生とまったく異なる。樽前山では、氷期の生き残りである高山植物が、繰り返された火山活動によって植生遷移がしばしばリセットされるたびに、新たなパイオニアプランツとして侵入し続けてきたのである。

北《ほっ》海《かい》道《どう》駒《こま》ヶ《が》岳《たけ》

自然の植生遷移に参加する外来植物

1640 年、1856 年、1929 年などに大きな噴火活動が記録された活火山、北海道駒ヶ岳（1131 m）。山麓の落葉広葉樹林にドロヤナギが多い。この樹木は、河岸段丘、火山荒原などの裸地にいち早く侵入する陽樹であることから、高木林でも数十年前には開放的な裸地から出発したことなど、ドロヤナギの生育によって過去の環境を推測できる。

中腹の登山口付近（標高約 400 m）で、山麓の森林から高山荒原の景観に代わる。山麓から薄茶色の山肌に見えた世界である。実際、登山路は安山岩《あんざんがん》の火山弾、スコリア、火山灰などの火山噴出物が多く、不安定で歩きにくい。崩れやすい不安定な場所では、イワブクロ、ヒメスゲ、ウラジロタデ、イワギキョウなどの草本

高山荒原が広がる駒ヶ岳の景観。

本州産カラマツが侵入する火山荒原。
［梅沢俊氏撮影］

駒ヶ岳山頂部の火山荒原。［梅沢氏撮影］

ヒメスゲとウラジロタデ。

植物がまばらに生え、大きなスコリアが堆積して崩れにくくなった場所や火山噴出物が固結した山稜《さんりょう》では、ミネヤナギ、シラタマノキなどの低木類が優勢になる。これらの高山植物群落は、氷期と後氷期の長い間、繰り返された噴火活動のたびに植生遷移が初期状態に戻されたため、この低い標高範囲（約 400 ～ 1133 m）で存続してきたと考えられる。

　このように、高山植物が主役となる自然な植生遷移において、山麓の人工林から本州産のカラマツが荒原の安定した場所を選んで山稜まで点々と侵入しており、本州産アカマツの侵入も認められる。北海道に自生しない植物は、自然に悪影響を及ぼす「外来植物」として危惧される。これらは、本来、取り除くべきと考える。

15 北海道

恵《え》山《さん》

硫《りゅう》気《き》と高山植物

北海道南端に位置する恵山（617.6 m）。第四紀更新世から活動を続け、今でも硫黄を含む火山ガス「硫気」を噴出する活火山である。標高 300 m 以下の山麓は、比較的古い時代に噴出した安《あん》山岩《ざんがん》からなり、ミズナラ、シナノキなどの山地帯落葉広葉樹林に被われる。この林には、サラサドウダン、リョウブ、キブシなど、北海道南部で北限となる温帯性植物も出現する。標高 300 m を超えると、実際には最奥の駐車場から車外に出るとすぐ、高山的な景観に一変し、容易に高山植物と出会うことができる。

硫気を噴出する火口付近は、有毒ガス、強酸性土壌、崩壊、高温など厳しい環境によって植物は何も生えないが、その周辺に高山植物群落が広がる。傾斜があり、崩壊しやすい場所には、ウラ

硫気を噴出する恵山の火口。

硫気孔原のガンコウラン群落。

奥の山稜《さんりょう》を見下ろすと、硫気が直接当たる左側の尾根にガンコウラン群落、硫気が当たらない右側の斜面にクマイザサ群落が見られる。

駐車場から望む恵山。［木村マサ子氏撮影］

ジロタデ、ヒメスゲ、コメススキなどの草本植物がまばらに生え、緩やかな傾斜地や巨礫《きょれき》堆積地のように安定した場所では、ガンコウラン、イソツツジ、マルバシモツケ、コメバツガザクラ、ミネズオウ、リシリビャクシンなどの低木類が絨毯《じゅうたん》状に密生する。さらに周辺では、ススキ、ノリウツギ、クマイザサなどの温帯性植物が加わり、最終的に硫気の影響がない斜面や凹地になると、地域の気候に応じた山地帯落葉広葉樹林に交代する。

有毒な硫気と強酸性の土壌という厳しい環境の「硫気孔原」では、山地帯・温帯気候下で普通に見られる植物は生育できず、代わりに、氷期が終わって温暖化した現在まで、硫気孔原の特殊環境に耐えられる高山植物が生き残ってきたのである。

16
青森県
八甲田山《はっこうださん》

小火山群がつくり出す美しい山並みと池塘《ちとう》

八甲田山は十和田湖《とわだこ》のすぐ北に位置する火山群である。山並みは新しい火山群である「北八甲田山」と、古い火山群である「南八甲田山」に分けられ、通常は前者を八甲田山と呼んでいる。主峰は大岳《おおだけ》(1584.6 m) だが、ほかにも赤倉岳《あかくらだけ》(1548 m)、井戸岳《いどだけ》(1537 m)、高田大岳《たかだおおだけ》(1552 m) など小型の成層火山が軒を連ね、美しい景観をつくり出している。八甲田山の語源は、「たくさん(八) の神田《こうだ》(甲田《こうだ》／湿原や池塘の意) がある山」ということで、実際に中腹の緩斜面上などに湿原や池塘がある。

北八甲田山では、65 万年前と 40 万年前、巨大噴火で十和田湖に匹敵する大きさの八甲田カルデラができた。カルデラはその後、土砂で埋積されて盆地に変わり、「田代平《たしろたい》」はその名残だという。

均整の取れた成層火山。睡蓮沼から望む高田大岳。

井戸岳火口。新鮮な火山地形が残る。

大岳頂上のスコリア。数百年以内の噴火の産物。

池塘が美しい湿原。なだらかな溶岩流の斜面に分布する。

16万年前からカルデラの南部で火山活動が再開したが、個々の火山の噴火年代については、大岳がここ6000年以内に数回の小噴火を繰り返したこと以外、よくわかっていない。ただいずれの山にも火口がよく残るなど、火山の原形がよく残っていることから、1～2万年以内の噴火でできたものだろうと推定できる。

　この山は植生分布が面白い。冬季、南西から吹き上げる風の影響を受けて、各火山の南側斜面では丈の低いハイマツ群落が優勢だが、北側斜面にはオオシラビソ林が分布する。また大岳や赤倉岳の山頂近くには、ガンコウランやコメススキなどの先駆植物が生育しており、これは数百年以内という、ごく新しい時期に起こった小噴火の影響によるものだとみられる。

17 岩手県・秋田県

八幡平《はちまんたい》

亜寒帯を思わせる美しい植生景観

八幡平（1613.3 m）は、「平」という地名の通り、なだらかな山並みが連なり、山よりも高原と呼ぶ方がふさわしい。

かつては、火山地形のアスピーテ（楯状火山）だと思われていたが、現在は、新第三紀層をつくる、基盤のなだらかさに原因があると考えられるようになった。八幡平に登るバス通り沿いの崖で、白や黄土色をした凝灰岩《ぎょうかいがん》の層が目につく。これが新第三紀層で、地滑りによって露出したものである。また、高原の上に出ると、黒い硬そうな岩盤に変わるが、これは火山から噴出した溶岩の層である。

八幡平には、北欧やカナダの亜寒帯針葉樹林を思い起こさせるような、美しい風景が広がる。ここでは、点在する高層湿原や湖

高層湿原と池塘。池塘のなかに生えているのはミヤマホタルイ。周りはオオシラビソの林。間にササ。

地滑り地。露出した崖に出ているのは凝灰岩の層。

▲溶岩の層

◀雪による枝のひっぱり。垂れ下がった枝の上限が冬の積雪深を示す。

沼を亜高山帯針葉樹林が取り囲み、そのなかを散策路が走っている。湿原には、大小の池塘《ちとう》があり、そのなかにはミヤマホタルイやミツガシワが生えている。湿原の周囲には、モウセンゴケやキンコウカ、コバイケイソウ、イネ科草本が生育し、わずかな起伏に対応した植物の分布が観察できる。ケルミ・シュレンケといった縞状の模様も識別できる。湿原の周りにはニッコウキスゲが育ち、その外側にササ草原、そのさらに外側にハイマツが分布する。そして、それを囲んでオオシラビソの林がある。ここは、植生分布の観察にもっとも適した場所である。また、オオシラビソの枝は、雪に埋もれた方は下に引っ張られ、雪の上に出ていた枝や葉は削り取られる。このことから、冬の積雪深を知ることもできる。

岩手山《いわてさん》

焼走り溶岩流と鬼《おに》ヶ《が》城《じょう》とコマクサと

岩手山（2038.1 m）の見どころのひとつは、国の特別天然記念物「焼走り溶岩流」である。これは1732年の噴火で、北東山麓に流れ出した溶岩流がつくった、広大な岩原である。溶岩がガサガサしている上、その間を充填する火山灰などの細粒物質も乏しいため、植物の生育が困難なようで、アカマツ、オオイタドリ、ミネヤナギが凹地を中心にわずかに生育している。

山頂部では「鬼ヶ城」と、山頂付近から東に広がるコマクサの大群落がよく知られている。鬼ヶ城とは、19万年前から10万年前にかけて噴出した溶岩や火砕岩からなる、切り立った岩場で、5万年前に生じたカルデラの南側の縁に当たる。岩の表面にイワヒゲやイワウメ、ダイモンジソウなどの高山植物が生育していて

岩手山山頂。中央は1686年にできた爆裂火口。左手下にスゲ属の植物が見える。右のピンクの峰が妙高山。

鬼ヶ城。岩峰が連なる。

黒い部分が1686年にできたスコリア原。植被が侵入しつつある。

焼走り溶岩流。300年近く経つのに植物は乏しい。

面白いが、岩場や岩峰が次々に現れ、行程がはかどらないのが難点だ。

このカルデラの内部に、約6000年前から新たに生じた小型の成層火山が岩手山で、1686年に大きな噴火をし、主に東側の斜面にスコリアをまき散らした。現在、そのスコリア斜面にコマクサやイワブクロが育ち、全国でも有数のコマクサ分布地となっている。

山頂には、直径600 mほどのカルデラ状の火口があるが、その内部に比高50 mほどの火口丘（妙高山《みょうこうさん》）があり、その側面にある爆裂火口が、1686年の噴火でできたのだという。火口原に当たる平坦地には、コマクサとコメススキのほかに、さまざまなスゲ属の植物が生えはじめている。300年余り経つのに、ようやくスゲ属という遷移の進行の遅さに驚かされる。

19
岩手県
早《はや》池《ち》峰《ね》山《さん》

岩塊斜面が広げた高山帯

早池峰山（1917 m）では、森林限界が極端に低下し、広い高山帯ができている。そこではハヤチネウスユキソウやタカネマンテマ、ナンブイヌナズナなど高山植物が多数生育している。森林限界低下の秘密は、ゴロゴロした岩だらけの斜面にある。この山では直径 2、3 mもある大きな岩が斜面を覆う。このような斜面を岩塊斜面といい、2 万年ほど前の最終氷期に凍結破砕作用で割れた基盤岩の塊が下方に移動してできたものである。

最近の地質学の研究によれば、早池峰山のかんらん岩は、12 億年も前のもので、当時まだくっついていた中国大陸と北米の大陸が分離し、太平洋ができはじめる時に、マントルから絞り出されてきたものだそうだ。岩塊斜面では土壌が痩せている上、基盤

ハイマツが優占する高山帯の植生景観。岩塊斜面を覆って広がる。

上から見た森林限界。ほぼ一直線状で岩塊斜面の末端に一致している。

岩塊斜面。

ナンブイヌナズナ。代表的な蛇紋岩《じゃもんがん》植物（超塩基性岩植物）。

をつくるかんらん岩が植物に有害なマグネシウムを含んでいるため、ハイマツや高山植物は生活できても、シラビソなどの亜高山帯の針葉樹は生育できない。その結果、亜高山帯が下方に圧縮され、その分、高山帯が下に広がることになった。

小田越《おだごえ》登山口からの登山道をたどると、高木の針葉樹林が続くが、標高 1390 m付近で景色は一変し、ハイマツやコメツガ、ナナカマドなどの低木帯に移行する。その境目にある高さ 2、3 m の崖が岩塊斜面の末端で、山の上から見ると、森林限界が見事な一線となっていることがわかる。早池峰山は、古いかんらん岩が氷期に割れて岩塊斜面をつくり出し、それが高山植物の低下を招いたという、典型的な自然の不思議なつながりが見られる。

20

岩手県・秋田県

秋田駒ヶ岳《あきたこまがたけ》

珍しい植物群落が迎えてくれる大焼砂《おおやけすな》

秋田駒ヶ岳（1637.4 m）は、岩手山《いわてさん》（P.50）の南西にある小さな火山である。東北地方の火山としては、特に目立つ存在ではないが、お花畑が美しいことに加え、8 合目までバスで上がれるという手軽さから、登山者は増加しつつある。北に位置する烏帽子岳《えぼしだけ》（乳頭山《にゅうとうさん》／ 1478 m）に縦走するコースもお勧めで、途中にある「千《せん》沼ヶ原《しょうがはら》湿原」も、ぜひ訪ねていただきたい。

秋田駒ヶ岳では、小さな噴火の影響を受けて生じた、珍しい植物群落があり、異彩を放つ。それが山頂の東南に位置する、黒色の火山礫《れき》に覆われた斜面「大焼砂」だ。遠目には植物など、まったくなさそうに見えるが、6 月下旬にはタカネスミレが斜面を一面黄色に彩り、7 月中旬～ 8 月初旬には、コマクサ群落が斜面を

秋田駒ヶ岳全景。奥のピークは最高峰・男岳《おだけ》。

黒色の火山礫（スコリア）が覆う大焼砂。

タカネスミレ。大焼砂の黒い色の斜面に生育している。

男女岳《おなめだけ》。池は阿弥陀池《あみだいけ》。

ピンク色に染める。大焼砂という名前だが、足元にあるのは砂ではなく、拳大から人頭大ほどの礫やスコリアである。また、黒いものばかりでなく、灰色の安山岩《あんざんがん》礫も多い。このほか、イワブクロやオヤマソバなどが現れるものの、不安定な表土の状態を反映して、生育する植物の種類は少ない。

大焼砂は、どのようにして生じたのだろうか。全体が火山礫からなることから判断すると、おそらく200年くらい前に小さな噴火が起こり、火山礫が周囲にまき散らされてできたものだと思われる。この近くにある「小焼砂《こやけすな》」は、大焼砂よりも少しだけ早く噴火した場所らしく、タカネスミレやコマクサに加え、オンタデやミネヤナギが生育しはじめている。

21 秋田県・山形県

鳥海山《ちょうかいさん》

象潟《きさかた》をつくり出した2500年前の大崩壊

鳥海山（2236 m）は、秋田県と山形県の県境に位置する巨大な成層火山である。この山は、亜高山帯の針葉樹林を欠き、偽高山帯が発達する山の代表である。標高 800 mくらいにブナ林の上限があり、これより上はミヤマナラ、ミネカエデなどの低木林を経て、ササ原や湿性草原、風衝草原の卓越する偽高山帯に移行する。湿性草原では、ヒゲノガリヤス、イワイチョウ、ニッコウキスゲ、コバイケイソウなどが目立つ。

およそ 2500 年前、鳥海山の山頂部は山体崩壊を起こし、山頂部にある馬蹄形《ばていけい》のカルデラをつくり出した。発生した岩屑《がんせつ》なだれは、日本海に到達して海中に多数の流れ山を残した。これが「象潟」の原形だ。ここは、江戸時代まで松島のような多島海になっ

2500年前の山体崩壊で生じた馬蹄形の凹地。上部に見えるのが象潟と日本海。

鳥海山新山。1801年の噴火で生じた溶岩ドーム。植物が乏しい。

チョウカイフスマ。火山礫《れき》地に育つ植物。

象潟の風景。高まりは流れ山。水田はかつての海の名残。

ていて、日本有数の景勝地だった。しかし、1804年の大地震によって2mほど隆起し、潟は干拓されて水田になってしまった。この地震の3年前、鳥海山は噴火し、溶岩ドームである新山《しんざん》を残した。岩がゴロゴロした荒々しい景観は、この時にできたものである。植物は乏しいが、溶岩の隙間にミヤマクロスゲやミヤマキンバイ、イワブクロ、ミネヤナギなどが育っている。

荒神《こうじん》ヶ《が》岳《だけ》など、カルデラの内部にある高まりは、2500年前以降の噴火でできた溶岩ドームと溶岩流からなる。古記録から見て、おそらく平安時代頃に噴出したものだろう。タカネノガリヤス、ホソバイワベンケイ、アオノツガザクラ、オンタデ、シラネニンジンなどの植生が多く見られる。山麓では、湧水群が有名だ。

22 山形県・新潟県

朝日岳《あさひだけ》

多雪がもたらした特徴的な地形と植生

朝日岳は（1870.3 m）、地図上では１つの山のように見えるが、実際は山形県西部と新潟県北部にまたがる小型の山地で、いくつものピークをもち、「朝日連峰」と呼ばれることが多い。けっして高い山ではないが、懐が深く、大鳥池《おおとりいけ》から大朝日岳《おおあさひだけ》を経て、朝日鉱泉に至る縦走には４日程度かかり、かなり登り応えのあるコースだ。

朝日連峰は、日本海に直面し、冬の季節風を正面から受けるため、著しく多雪かつ強風で、稜線《りょうせん》の東側と北側では、雪庇《せっぴ》ができやすい。雪庇は、崩れて雪崩となって落下するが、雪崩はその際、岩壁を削ってツルツルの浅い溝を何列も掘り込み、特異な地形景観をつくり出す。谷筋に落下した雪崩堆積物は、雪渓となって遅くまで残り、寒冷な氷期には、これが氷河に発達した可能性も指

朝日連峰の非対称山稜。左手が西側で草原とハイマツが優勢。丈の高い樹木はダケカンバ。東側は露岩地。

雪崩斜面。岩盤がツルツルに磨かれている。残雪は雪庇の名残。

▲雪田植物群落。奥に見えるのは残雪。

◀風食でできた階段状の地形。

摘されている。一方、西側の稜線沿いは、強風の影響でところどころ植被が削り取られ、階段状の風食地形や構造土が見られる。斜面の向きによって侵食作用が違うため、稜線は西側がなだらかで、東側が急な非対称山稜《さんりょう》に変化した。

多雪の影響は、植生にも表れている。山麓に広いブナ林があるが、亜高山針葉樹林は一部に存在するものの、全体の分布としてはわずかである。これに代わり優勢になっているのが、草原やササ原、低木林だ。雪田の周辺には、ハクサンコザクラなどの美しいお花畑が見られる。鳥原山《とりはらやま》（1429.6 m）へ周回するコースの途中で見られる岩がちな稜線には、キタゴヨウの立派な林があり、国の遺伝資源保存林になっている。

23
山形県・宮城県
蔵王山《ざおうさん》

明治の噴火を示すコマクサとゴヨウマツ

蔵王山といえば、山岳信仰と冬に見られる樹氷で有名だが、もともと新旧多数のピークからなる火山群で、火山地形と火山植生についても見どころが多い。蔵王山の中心は、主峰・熊野岳《くまのだけ》（1840.5 m）から馬の背を経て、刈田岳《かったただけ》（1758.1 m）に至る稜線《りょうせん》だ。この稜線は半月形にカーブしており、東に向いた巨大な爆裂火口の縁に当たる。そして、この爆裂火口の内部に生じた火口丘が五《ご》色岳《しきだけ》（1672 m）であり、その半分が噴火により吹き飛んで生じた火口湖が「お釜《かま》」である。

お釜の活動の記録は、平安時代までさかのぼるが、江戸時代後期から活発化する。1849 年、1895 年の噴火は規模が大きく、お釜の東側一帯に火山砂礫《されき》や火山灰をまき散らし、植物を枯らして

お釜。五色岳の爆裂火口に生じた火口湖。エメラルド色の湖面が美しい。

馬の背の植生。草本や低木が生えている。

コマクサ平。明治の噴火で生じた砂礫地にはコマクサが生えた。周囲の礫地はゴヨウマツ林に移行しつつある。

オオシラビソ林。本来の森林。

しまった。その後、礫《れき》地にはコメススキやミネヤナギ、イタドリ、ススキ、ハハコヨモギなどが侵入し、その様子は、お釜を見下ろす馬の背一帯やコマクサ平周辺などで見ることができる。

また、砂礫地にはコマクサ群落が生えるが、群落周辺の礫地では、まずガンコウランが生え、続いてゴヨウマツが生育をはじめる。その様子は宮城県側から登るバス道路沿いで広く見られる。このゴヨウマツ、最初は風の影響を受けて傾いて伸びるが、密生するにつれて、次第に直立するようになるのが特徴だ。

なお、噴火の影響を受けなかった刈田岳の南方では、オオシラビソの樹林が分布する。これが亜高山帯の本来の森林で、ゴヨウマツの林も、およそ 200 年後には、この森に移行するだろう。

24 山形県・福島県・新潟県

飯豊山《いいでさん》

日本を代表する偽高山帯の植生景観

飯豊山は、飯豊本山《いいでほんざん》(2105.1 m)を主峰とする小型の山脈である。このうち、飯豊本山を含む会津側の山々は、岩がちで氷期の氷食の跡も生々しい岩山と、草原と砂礫《されき》地が交互に現れる不思議な景観を示す。三国岳《みくにだけ》(1644 m)付近はそれが顕著で、支尾根の稜線《りょうせん》沿いでは、基盤をスプーンで浅くすくったような窪《くぼ》みがいくつも見られ、氷期に小さな氷河がついていた可能性を示している。窪みは現在、キンコウカとヌマガヤに覆われた湿性草原になっている。草履塚《ぞうりづか》(1908 m)から本山にかけては礫《れき》地や岩塊地が多くな

草履塚から望んだ飯豊本山。風が強く当たる稜線沿いと、雪が遅くまで残る風背地の植生のコントラストがはっきりしている。

り、階状土をつくるほか、不安定化した礫地にはミヤマウスユキソウの群落ができている。

一方、最高峰の大日岳《だいにちだけ》(2128 m)と御西岳《おにしだけ》(2012.5 m)より西側では、なだらかな高原上の尾根上に残雪と偽高山帯の草原が広がる比類ない景観が広がる。偽高山帯は、亜高山帯針葉樹林の代わりに湿性草原やササ原が広がる特異な植生帯で、残雪、湿原も多く、ニッコウキスゲなどの高山植物が残雪を囲んで同心円状の群落をつくる。

梅花皮沢《かいらぎさわ》を下れば、本邦屈指の大雪渓・石転び雪渓がある。この

偽高山帯。ニッコウキスゲや湿性草原が卓越する。

沢には氷期の氷河起源と思われる堆積物があり、モレーン状の高まりや氷河の残したと思われる迷子石も存在する。

飯豊山地の稜線《りょうせん》沿いでは、草原の一部が風によって削り取られ、細長い砂礫地《れきち》になっているのを各地で観察できる。筆者らの調査で、風による植被の破壊が、実は植物の種類を豊かにしているということがわかってきた。風食で裸地が生じると、地表に礫《れき》が放出され、そこにコバノコゴメグサなどの先駆植物の侵入がはじまる。続いて、チシマギキョウやミヤマウスユキソウなどの高山植物が混生するようになり、その後、ハクサンイチゲやコタヌキランなどが加わって種数は増える。そして最後の段階で、ムツノガリヤスを中心とするイネ科の草本植物が極相の風衝草原をつくるが、種数は激減する。つまり、風食による植被の破壊は、この地域の植物の多様性を維持する上で、極めて重要な役割を果たしていることがわかる。

御西岳《おにしだけ》。ササや湿性草原に覆われたなだらかな尾根が広がる。

なだらかな山頂部から外れると、たちまち急な斜面に変化する。稜線部以外は急な斜面が卓越する。

ミヤマウスユキソウ。強風地にある不安定な礫地に生育する。

氷食岩盤。氷期の氷河が削ったとみられるツルツルに磨かれた岩盤。

25 山形県・福島県

吾妻山《あづまやま》

新旧の火山を擁する巨大な火山

吾妻山は、磐梯山《ばんだいさん》(P.68) や安達太良山《あだたらやま》のすぐ北に位置する、奥《おう》羽《う》山脈の火山である。ただこの山は、西吾妻山 (2035 m)、中吾妻山 (1930.6 m)、東吾妻山 (1974.7 m) など、多くのピークを含み、東西方向に 20 km、南北方向に 10 km 近くの広がりをもつため、場所によって大きく異なった植生や地形を示している。

中西部の西吾妻山や東大巓《ひがしだいてん》(1927.9 m)、中吾妻山一帯は、30 万年以上前に活動した古い火山で、全体的に茫漠《ぼうばく》とした高原上の地形になっている。現在は、オオシラビソ樹林のなかに湿原や池《ち》塘《とう》、ハイマツ群落、岩塊地、露岩地が点在する、落ち着いた山容を示す。

一方、東吾妻山は新しい火山が多く、火山特有の地形や植生を

一切経山への登山道から見た吾妻小富士。特徴的な大きな火口をもつ。

西吾妻湿原。古い溶岩流の上を湿原やハイマツ群落が覆う。

階段状構造土。平坦な部分は砂礫地になっており、崖になった部分に植被がついている。

五色沼。かつての火口に水が溜まったもの。ほぼ円形をしている。

見ることができる。吾妻小富士《あづまこふじ》(1707 m)は、臼のような美しい円錐台形をした火山で、かつては「摺鉢山《すりばちやま》」と呼ばれていた。植生は乏しいが、火口の内側は植被の回復が進んでいる。一切経山《いっさいきょうやま》(1948.8 m)は、1893 年に大規模な噴火があり、火山砂礫《されき》を山頂部一帯から南東方向にまき散らした。吾妻小富士の植生が乏しいのは、この噴火の影響によるものだろう。一切経山の斜面では、国内でもっとも見事な「階段状構造土」がある。これは、植被と砂礫地が交互に配列し、階段のようになった地形である。筆者は、明治の噴火で噴出した砂礫が移動する途中、ふるい分けを受けて階段をつくり、その前面に植被が侵入したものだと考えているが、強風の影響を受けた可能性もある。周辺には「五色沼《ごしきぬま》」や「鎌沼《かまぬま》」などの火口湖も見られる。

磐梯山《ばんだいさん》

多様な植物群落をもたらした二度目の崩壊

磐梯山(1816.3 m)では、1888 年に大規模な山体崩壊が発生し、山体上部に巨大な馬蹄形《ばていけい》の窪《くぼ》みをつくった。山麓には、崩壊物質が堆積しておびただしい数の流れ山をつくり出し、その一部が長《なが》瀬川《せがわ》をせき止めたため、桧原湖《ひばらこ》など裏磐梯の湖沼群が生まれた。崩壊によって生じた窪みの内部を見ると、一部では、高さ 30 m に達するアカマツの大木が育つまでに植生が回復しているのに、一部には、シラタマノキなどの高山植物が生育している場所がある。この違いは、なぜ生じたのだろうか。

実は、この馬蹄形の崩壊地の内部では、1954 年にも櫛ヶ峰《くしがみね》(1636 m)付近の稜線《りょうせん》部が崩壊し、その基部に岩屑《がんせつ》が堆積した。1888 年の崩壊に比べれば、規模は小さいが、岩屑は数百m四方

銅沼《あかぬま》。巨大崩壊の内部にできた湖。奥の壁の右側半分が1954年に再崩壊した。

桧原湖。火山泥流のせき止めによって生じた裏磐梯湖沼群のひとつ。

アカマツ疎林。1954年の崩壊物質の上に成立した疎林。林床はシラタマノキ群落。

崖錐《がいすい》。上部の溶岩層から落下してくる大小の岩屑が堆積してできた。

にわたって広がり、高さ10～20 mの流れ山をいくつもつくった。堆積物は、主に黄土色の火山灰が固まったもので、直径1～数mの岩塊を含み、1888年のものとは明らかに異なる。シラタマノキなどが生育しているのは、この新しい堆積物の上で、場所によっては高さ5～8 mのアカマツもまばらに生えはじめている。1888年の崩壊堆積物は、巨大な溶岩の岩塊を含むものの、泥が主体となっているため、植物の生育に適し、植被の回復が早かったと思われる。一方、1954年の岩屑なだれの堆積物は、乾燥していて、植物の生育には適していない。このことが、極端な植被の違いをもたらしたといえる。

八方台《はっぽうだい》登山口付近には、崩壊から免れたブナ林があり、中腹に位置する「中《なか》の湯《ゆ》跡」の下方には、復活したダケカンバ林が見られる。

27 福島県

会津駒ヶ岳《あいづこまがたけ》

山頂部に広がる美しい湿原と湿性草原

尾瀬ヶ原《おぜがはら》の横にそびえる燧ヶ岳《ひうちがたけ》(P.82) の北に位置し、山頂部に広大な湿原や湿性草原のある美しい山、会津駒ヶ岳 (2133 m)。田代山《たしろやま》・帝釈山《たいしゃくさん》(P.72) と共に、2007 年、尾瀬国立公園の独立に伴って、国立公園区域に編入されたが、素晴らしい植生景観をもつ山であるにもかかわらず、それまでは国定公園ですらなかった。百名山のひとつという以外、まさに、何の肩書きもないまま存在していたのである。これだけ素晴らしい山が、なぜこれまで無冠のままだったのか、本当に不思議でしかない。

会津駒ヶ岳本峰付近の草原は、雪が遅くまで残るなだらかな山地斜面に生じたもので、キンコウカとヌマガヤが主体となった湿性草原が広がる。ただし、山頂を越え、北に位置する中門岳《ちゅうもんだけ》

中門岳の湿原。赤く色づいているのはモウセンゴケ。

会津駒ヶ岳。山頂の南斜面には湿性湿原が広がる。

◀紅葉したモウセンゴケ。湿原に分布する。

ハクサンコザクラ（左）とコバイケイソウ（右／芽生え）は残雪の跡地に生える。白い石は花崗岩の礫《れき》。

（2060 m）まで行くと、地形は平坦になり、モウセンゴケやミズゴケ、ヒメシャクナゲ、ツルコケモモなどが縁の部分に生えた池塘《ちとう》や池が次々に現れて、いかにも湿原らしくなってくる。特に、夏に訪れると、池塘の縁にあるモウセンゴケが赤く色づき、実に美しい景観を楽しめる。

会津駒ヶ岳の基盤となっているのは花崗岩《かこうがん》だが、平ヶ岳《ひらがたけ》（P.74）と同様に、山地が隆起する前に存在した平坦面が、そのまま高所にもち上げられ、湿原の基盤となったもののようだ。

また、湿原以外にも、登山道沿いにはミズナラの巨木が生育している。一抱えもあるような、いかにも山の主といった風格のあるミズナラが、次々に現れる。これもこの山の宝物といえよう。

28 福島県

田代山《たしろやま》 帝釈山《たいしゃくさん》

帝釈山地を代表する二峰

田代山（1971 m）は、福島県南西の隅に当たる帝釈山地の一峰である。台地状の山頂部には、池塘《ちとう》の点在する湿原が広がり、まさに天上の別天地となっている。

途中に高さ数mの段差があり、そこにだけネズコやハイマツ、ミヤマハンノキなどの低木が生育している。もともとは、溶結凝《ようけつぎょう》灰岩《かいがん》という、火山から噴出した火山灰や軽石が、高温で固まってできた岩石からなる台地で、その一部が侵食から免れて台地状に残ったところに湿原が成立したものである。かつては、もっと広い台地があったが、侵食でどんどん縮小し、最後に残った部分が田代山だと考えればよい。途中の段差は、溶結凝灰岩《ようけつぎょうかいがん》となった火砕流の末端を示す。

田代山の山頂部に広がる湿原。段差の部分に森林ができている。

霧の田代湿原。湿原が無限に広がっているように見える。

針葉樹の大木。これほど大きい木が生えそろっているのは見たことがない。

オサバグサ。シダのように見えるが、ケシ科の植物で白い花をつける。これだけの大群落は珍しい。

この山の溶結凝灰岩を噴出させた火山が、どこかは不明だが、30 km ほど南に男体山《なんたいさん》や日光白根山《にっこうしらねさん》(P.92) などの日光火山群があるので、おそらく、その前身に当たる火山からもたらされたものだろう。噴出から数十万年は経っているはずである。

帝釈山 (2059.6 m) は、田代山の南にある岩がちの山で、山頂までの道沿いで見られるシラビソ、オオシラビソの大木の森が見事だ。直径が 80 cm くらいもあり、これだけ素晴らしい亜高山針葉樹林の森は見たことがない。帝釈山地の北斜面に位置し、台風の直撃を受けることがないため、大木に育つことができたのだろう。林床にはオサバグサの大群落があり、これを見に訪れる人も多い。山頂部付近の岩場にはコメツガとハイマツが目立つ。

平らな山頂に広がる池塘《ちとう》と湿原

利根川《とねがわ》の源流域にある平ヶ岳（2141 m）は、文字通り平らな山頂をもつ山で、山頂からその周囲の緩斜面にかけて、湿性草原が広がる。また、肩に当たる池ノ岳《いけのたけ》（2076 m）の山頂付近には、池塘の点在する湿原が広く分布し、素晴らしい植生景観が楽しめる。2007 年、越後駒ヶ岳《えちごこまがたけ》（2002.7 m）や八海山《はっかいさん》（1778 m）などと共に、越後三山奥只見《えちごさんざんおくただみ》国定公園に指定された。

平ヶ岳のなだらかな山頂部では、7月の下旬時点で谷筋に残雪があり、雪が解けるとすぐにコバイケイソウやイワイチョウ、ハクサンコザクラなどが生育をはじめ大きな群落をつくる。これに対し、山頂の湿原分布地域では、積雪は少なそうだ。湿原の周囲に生えているオオシラビソの偏形樹から、冬の積雪深を推定して

雪が消えるとすぐにコバイケイソウやハクサンコザクラが生育をはじめる。

ハクサンコザクラ。

岩場に成立したネズコとスギの巨木林。

玉子石と湿原。平ヶ岳を代表する景観。左奥が平ヶ岳の山頂。

みると、1 m 未満となり、むしろ冬の風が吹き抜け、オオシラビソが生育できないところに湿性草原が生じているようにみえる。当然ながら雪解けは、残雪のある谷筋に比べてかなり早い。しかし、水はけの悪い平坦な地形であるため、湿原ができあがったと考えられる。

有名な奇岩「玉子石《たまごいし》」は、池ノ岳の近くにある。この石は、直径2 m ほどの丸い石が高さ 1 m くらいの台座の石に載ったもので、風化した花崗岩《かこうがん》の硬い芯の部分が侵食で削り出されたものである。首のように細くなっているところは、侵食に弱い部分が削られてできた。なお、山頂部のなだらかさとは対照的に、中腹以下の登山道は険しく、谷筋には岩盤が露出し、尾根筋の岩場にはキタゴヨウやネズコ、コメツガ、スギが優占している。

30 新潟県・群馬県

巻機山《まきはたやま》

美しい滝と草原をもつたおやかな山

巻機山（1967 m）は、草原に覆われたなだらかな山容から、女性的な山の代表とされてきた。雪化粧する時期に六日町《むいかまち》付近から望むと、気品を感じさせるほど美しい。

一般的に日本海側の多雪山地では、亜高山針葉樹林を欠く山が多い。この地域では、ブナ林の上限が森林限界となり、これより上では湿性草原やササ原が卓越する。その植生景観は、高山帯によく似ていることから、偽高山帯と呼ばれてきた。草原が広がる巻機山も、広い意味では偽高山帯のある山といってよい。しかし、この山では、なぜか南東側斜面の何ヶ所かに、亜高山帯針葉樹林が分布しており、辛うじて偽高山帯の山の定義から外れている。

巻機山のもうひとつの魅力は、沢にある滝だ。巻機山へは、南

巻機山御機屋《おはたや》付近の湿性草原。侵食が進みやすく、登山道沿いの荒廃が痛々しい。

わずかに存在する亜高山針葉樹林。

行者の滝。花崗岩の岩盤にかかった滝で段差が大きい。

岩盤。白い花崗岩の岩盤を削りながら水流が流れる様は美しい。

西側の井戸《いど》尾根を登るのが一般的だが、「割引沢《われめきさわ》」から「ヌクビ沢」に入るコースでは、見事な滝が次々に現れる。割引沢に入るとすぐ、小さいが、立派な「吹上《ふきあげ》の滝」に出会う。しばらくすると、大きな岩盤が現れ、その先に「アイガメの滝」が見える。花崗岩《かこうがん》の岩盤にかかった滑滝《なめたき》だ。次は、大きなカーテンのような形をした一枚岩にかかる滝「布干岩《ぬのほしいわ》」。アイガメの滝と並ぶ、見事な景観が展開する。続いてヌクビ沢に入り、しばらく登ると、正面に「行者《ぎょうじゃ》の滝」が現れる。これも花崗岩の岩盤にかかった、いかにも滝らしい滝だ。さらに登ると、沢にゴロゴロしていた岩が急に小さくなり、滝も見られなくなる。これは、地質が花崗岩から堆積岩に変化したためだ。山頂部がなだらかなのも、地質に原因がある。

31 新潟県・群馬県

谷《たに》川《がわ》岳《だけ》

一ノ倉沢。雪崩が頻発し、岩盤を削る。出口付近では春先、50 mもの雪の堆積が生じる。

氷期の氷河が運んできた岩塊。

東面の急崖。湿性草原になっている。

◀谷川岳の山頂に続く登山道。
露岩地が目立つ。

大岩壁のできたわけ

谷川岳（1977 m）は北アルプスの剱岳《つるぎだけ》（P.110）や穂高岳《ほたかだけ》（P.130）と並ぶ、切り立った岩壁をもち、多くの岳人を惹きつけてきた。魅力の根源ともいえるこの大きな岩場は、どのようにしてできたのだろうか。

谷川岳の稜線《りょうせん》は、西側がなだらかで、東側は岩壁になっている。この崖では、冬場に雪崩が頻発して 1000 m も落下するため、猛烈な勢いがつき、岩の表面を削り取る。ツルツルの岩盤はこうしてできると考えられてきた。しかし、同じような岩盤は、越後《えちご》山脈や飯《いい》豊《で》山地で頻繁に見られ、谷川岳だけ岩壁の規模が大きい理由が説明できない。この点について地形学者は、谷川岳の東面は断層崖ではないかと考えてきた。巻機山《まきはたやま》（P.76）などの清水《しみず》峠より北の山々と、谷川岳や仙ノ倉山《せんのくらやま》（2026.2 m）などの清水峠より南の山々は、もともと別の山塊だったが、横にずれて両者が接するようになり、その後、谷川岳側が隆起して断層崖ができた。これが崖の原形である。

大きな崖ができると、そこでは雪崩が頻発し、谷底に堆積して厚さ 50 m を超える、大きな雪渓をつくるようになった。そして、そこに氷期がやってくる。雪渓は、氷期には氷河に発達し、谷底を侵食して一ノ倉沢《いちのくらさわ》などの底に U 字型の溝をつくり出した。氷期に氷食があったことは、古くから推定されていたが、10 年ほど前、明治大学の小疇尚《こあぜたかし》名誉教授らによってモレーンと、それにつながる段丘が確認され、氷河の存在が実証された。そして U 字型の岩盤は、実は氷期の氷河の侵食によるものだろうと考えられるようになった。

32 新潟県

妙高山《みょうこうさん》 火打山《ひうちやま》

荒々しさと優しさと

新潟県南西部にある一群の高峰を「頸城《くびき》山地」と呼ぶ。その主峰は妙高山（2454 m）だが、最高峰は火打山（2461.8 m）だ。前者は豪快で荒々しく、後者はなだらかで女性的と、山容は対照的である。

妙高山はこれまで、二重式カルデラの火山とされてきた。しかし、最近の研究によれば、このカルデラは、大噴火に伴って内部が陥没したものではなく、火山活動の休止期に内部が大崩壊してできたものらしい。この火山は、何万年かの活動期の後、何万年かの休止期に入る、という活動を繰り返しており、カルデラはこの休止期にできた地形らしい。現在の山頂火山の活動を見ると、４万年前にはじまり、5000 年前にマグマ噴火、2500 年前に水蒸

天狗の庭から見た
火打山。

妙高山。中央の台形の山。左右のピークは外輪山。

妙高山の山頂部。溶岩が露出し、荒々しい景観をつくる。

◀高谷池湿原。溶岩の窪《くぼ》みにできた湿原。

気爆発が起こっている。まさに生きている火山といえる。山頂部は、溶岩が露出した荒々しい景観で、新しい火山のため、高山植物は乏しい。

一方、火打山は、名前は火山のようだが、れっきとした堆積岩の山で、豊かな植物群を誇る。南東側は、「天狗《てんぐ》の庭《にわ》」、「高谷池《こうやいけ》」、「黒《くろ》沢池《さわいけ》」という、多くの池塘《ちとう》を抱える湿原が分布し、美しい風景をつくる。特にハクサンコザクラ、イワイチョウ、アオノツガザクラなどの、湿原の植物群落は圧巻である。ただ、湿原のある平坦地は、実は30万年前に、妙高火山から流れた溶岩流のなかの凹地にできた湖が埋まったもので、もとは火山活動に関係がある。山頂部にはハイマツがあり、ライチョウが生息している。

33 群馬県・福島県

至仏山《しぶつさん》　燧《ひうち》ヶ《が》岳《たけ》

蛇紋岩《じゃもんがん》と火山のつくるコントラスト

尾瀬ヶ原《おぜがはら》の西と東に対照的な山がある。1億7000万年前の古い蛇紋岩からなる至仏山（2228.1 m）と、数万年前に活動をはじめた火山の燧ヶ岳（2356 m）だ。山容も異なり、至仏山がなだらかで、燧ヶ岳は急峻《きゅうしゅん》だ。

山ノ鼻《やまのはな》から至仏山に登りはじめるとすぐ、キタゴヨウとネズコの森が現れ、標高1640 m付近が森林限界となる。蛇紋岩の影響を受け、通常より700 mほど低い位置にある。それより上は、蛇紋岩の岩塊がゴロゴロする登りになり、キタゴヨウやネズコの低木が岩塊を覆う。山頂近くの「高天ヶ原《たかまがはら》」は植物の宝庫で、ホソバヒナウスユキソウ、カトウハコベなどの蛇紋岩植物（超塩基性岩植物）と、多数の高山植物が分布する。至仏山から小至仏山《こしぶつさん》

至仏山。深い谷がなく、なだらかなのは、蛇紋岩に入った割れ目の隙間を通って水が抜けてしまうためだ。

至仏山の中腹から望む燧ヶ岳。手前は尾瀬ヶ原。

カトウハコベ。

▲至仏山の岩塊斜面。遠目にはなだらかに見えても実際は岩がゴロゴロして歩きにくい。

◀燧ヶ岳のピークのひとつ俎嵓《まないたぐら》(2346.2m)。溶岩ドームのひとつで三角点がある。

にかけては、キタゴヨウの低木とハクサンシャクナゲやコメツツジなどが混生する。鳩待峠《はとまちとうげ》への下りでは、「オヤマ沢田代《さわたしろ》」の湿原が見事である。草原が広がり、池塘《ちとう》が分布する。

燧ヶ岳は、5万年前の溶岩が只見川《ただみがわ》をせき止めて尾瀬ヶ原の原型をつくり、8000年前の山体崩壊で尾瀬沼《おぜぬま》が誕生するなど、尾瀬の生い立ちに大きく関わっている。垂直分布帯がよく発達し、尾瀬ヶ原近くのブナ林からオオシラビソ林を経て、標高2000m以上のハイマツ帯に移行していく。高山植物ではイワウメやミヤマダイコンソウのほか、500年前の噴火で生じたスコリア上に生育するコマクサが目立つ。山頂から北の御池《みいけ》登山口へ下る途中には「熊沢田代《くまざわたしろ》」、「広沢田代《ひろさわたしろ》」の美しい高層湿原がある。

34 群馬県

草《くさ》津《つ》白《しら》根《ね》山《さん》　本《もと》白《しら》根《ね》山《さん》

火山と自然の博物館

草津白根山（2160 m）といえば、「湯釜《ゆがま》」が有名だ。これは、1882年以来の度重なる噴火によって生じた火口湖で、周囲は荒涼たる場所になっている。湖水はpH1.1の強酸性で、硫化《りゅうか》水素によって岩石が変質して粘土となり、これが水に溶けて青みがかったミルクのような色になった。

本白根山（2171 m）は、草津白根山のすぐ南にある火山で、火口の「涸釜《からがま》」は3000年前の噴火で生じた火口である。山頂に向かうと、突然、森が切れて大きな火口の縁に出るが、これが涸釜だ。すり鉢状の火口のなかを見ると、斜面にはハイマツが生え、底に高山植物が分布している。これは、植生の逆転現象で、冷気が底に溜まるために生じたと考えられる。涸釜の内部に降りてい

湯釜。1882 年の噴火以前、周囲は森林だった。

涸釜。大きな火口。底に高山植物、斜面にハイマツが生育している。

◀鏡池の構造土。水面下に見える格子状の模様。

上下にハイマツ。涸釜から山頂に向かうコースから見える。下のハイマツと高山植物は冷気湖による。

くと、砂礫《されき》斜面が現れ、そこにはコマクサが分布する。花の最盛期には、斜面がピンクに染まり、多くの人が見物に訪れる。

そのまま歩いて涸釜の反対側の縁に出ると、周辺は平坦で直径 20 ～ 30 m の火口がいくつも見られる。これも 3000 年前の噴火の産物である。この平坦な礫《れき》地の表面を観察すると、多角形の模様がある。これを「構造土」と呼び、表土が凍ったり解けたりを繰り返すうちに、礫がふるい分けられ、模様が生じたものである。

火口湖「鏡池《かがみいけ》」の底では、直径 1 ～ 2 m に達する大型の構造土があり、水面上からも模様がはっきりわかる。鏡池周辺には、ガンコウランなどが分布し、その上方にハイマツがあって、ここでも植生の逆転が生じている。

35 群馬県・長野県

浅間山《あさまやま》

天明《てんめい》の大噴火と高山植物の低下

浅間山（2568 m）は、数百年ごとに第一級の火山活動を繰り返してきた。1783 年の天明の大噴火はあまりにも有名だが、1108 年にも上野国《こうずけのくに》の田畑が壊滅するほどの大噴火をしている。天明の噴火の際には、最初、火口の東側を中心に大量の軽石が降下し、西側の黒斑山《くろふやま》（2404 m）と南側斜面を除いて森林をほぼ全滅させた。噴火が最高潮になると、吾妻《あがつま》、鎌原《かんばら》の両火砕流が北側斜面に流下し、その通路に当たる地域を厚さ数mの火山砕屑《さいせつ》物で埋没させた。最後に溶岩流が北側に流下。溶岩流は厚さ 30 m 以上、幅最大 1.3 km，長さ 5.5 km あり、大小の岩塊が積み重なって、すさまじい景観をつくった。これを「鬼押出《おにおしだ》し溶岩流」と呼ぶ。

この噴火で北側と東側の斜面は、一木一草もない荒地と化した

黒斑山から望む浅間山。上部の無植生地と下部の針葉樹林の対比が美しい。

鬼押出し溶岩流の内部。溶岩の柱が林立して荒々しい景色をつくる。

ガンコウラン（左）とカラマツ（右）。溶岩流内部の植生。

巨大な岩。噴火に伴う土石流によって運ばれてきた。

が、それから200年余り経った現在、かなりの植生が回復してきた。回復が早かったのは、軽石が降下した東側斜面で、峰の茶屋付近にはカラマツやアカマツの林が成立した。山頂に向かっては、下からミヤマハンノキ、ミネヤナギ、ガンコウラン、コメススキが順番に配列し、上昇しつつある。火砕流に覆われたところも、植被の回復が早く、アカマツやカラマツの林が戻った。ただし、黒豆《くろまめ》河原《がわら》付近だけは、火口からの有毒な噴気が降りてくるため、クロマメノキやガンコウランなどがまばらに生育する状況が続いている。鬼押出し溶岩流上では、植被の回復は遅かったが、最近、樹木の緑が急増しており、ガンコウランやミネズオウなどの高山植物を覆うようにカラマツやアカマツ、シラカバなどが生育しつつある。

36

群馬県

妙《みょう》義《ぎ》山《さん》

断崖絶壁や岩峰の集まった不思議な山

妙義山は、赤城山《あかぎやま》(1827.6 m)、榛名山《はるなさん》(1449 m)と共に上毛三《じょうもうさん》山《ざん》の一山と数えられてきた。しかし、「ここが妙義山の山頂」といえるピークはなく、白雲山《はくうんさん》(1103.8 m)、金洞山《こんどうさん》(1094 m)、金《きん》鶏山《けいざん》(856.1 m)、御岳《おんたけ》(963.2 m)、丁須ノ頭《ちょうすのかしら》(1057 m)などの岩山と、おびただしい数の岩峰群をまとめて妙義山と呼ぶ。最高地点は、白雲山の相馬岳《そうまだけ》山頂にある。

山並みは、北東に開いたU字の形に並び、全体が南側の表妙義と北側の裏妙義に分かれている。それぞれ縦走はできるが、痩せ尾根や岩場を鎖や梯子《はしご》を頼りにたどり、いくつもの岩峰を登り降りするという、極めて危険なコースである。切り立った断崖の上を歩くのは恐ろしく、遭難も多い。登山上級者以外は、石門巡り

妙義山。岩峰や岩壁、奇岩のオンパレードである。

第四石門。傾いた溶岩層と凝灰角礫岩の層が交互に堆積しており、そのうち凝灰角礫岩の部分が侵食されて石門をつくった。奥は「大砲岩《たいほういわ》」。

至るところに現れる岩壁。

◀岩峰の間の森林。ブナやコナラからなる。

コースにとどめておくのが無難だ。

断崖絶壁や岩峰がこれほど集まった山は、日本では妙義山以外になく、かつては「関東の耶馬渓《やばけい》」と称され、耶馬渓（大分県）、寒霞《かんか》渓《けい》（香川県）と共に、日本三大奇勝にも数えられている。しかし、妙義山の絶壁は、本場とされた耶馬渓よりもはるかに大規模で、むしろこちらの方が優れているといってもよさそうである。

妙義山は、700 万年前の噴火で噴出した安山岩《あんざんがん》の溶岩、凝灰岩《ぎょうかいがん》、凝灰角礫岩《ぎょうかいかくれきがん》からなり、古い火山の内部が、その後の風化・侵食によって現れ、現在のような荒々しい山容になったものと考えられる。なかでも、下仁田町《しもにたまち》側にそびえる金洞山は、「中之嶽《なかのたけ》」とも呼ばれ、一帯の奇岩怪石群は、日本屈指の山岳美と称賛されている。

37

栃木県・福島県

那《な》須《す》岳《だけ》

600年前の噴火がつくった茶臼岳《ちゃうすだけ》の地形と植生

那須岳では、新旧の火山が南北に並ぶ。主峰の茶臼岳（1915 m）は1万6000年前に誕生した新しい火山で、現在も噴煙を上げ、多くの観光客を集めている。

この山が現在の姿になったのは、約600年前。水蒸気爆発の後、軽石質の火砕流が噴出し、その後マグマが上昇して、山頂部の溶岩ドームができた。ロープウエーの山頂駅から100 mほど歩くと、軽石の分布している場所に出る。これが600年前に噴出した軽石で、植物はウラジロタデとカリヤスモドキが優占し、斜面の下方を見ると、植被と礫《れき》地が交互に配列して不思議な階段状の地形ができている。

山頂へのコースから分かれて牛首《うしくび》に向かうと、急にガンコウラ

朝日岳。三本槍岳などと共に那須岳をつくる古い火山。

600 年前の噴火で南斜面では山体上部が崩壊し、浅い谷を埋めた。それがこの堆積物。

階段状の地形。600 年前に噴出した火山砕屑《さいせつ》物がふるい分けられてできた階段状の地形。

茶臼岳の西面。上部の噴煙を上げているところは 1881 年の噴火口。

◀ 1881 年の噴火で 6 ヶ所ほど噴気孔ができた。これはそのひとつ。

ンの密生する場所に変化し、周りには直径が何 m もあるような岩塊が散乱している。ここは、600 年前の噴火の際、山頂部が崩れて岩塊なだれが発生した場所で、浅い谷筋で風が当たらないため、遷移が進み、ガンコウランが分布可能になった。牛首の先では、何ヶ所かで噴煙が上がっている。これは、1881 年の噴火でできた火口で、以来、噴煙は継続しており、植物はコメススキくらいしか生育していない。

三本槍岳《さんぼんやりだけ》(1916.9 m) や朝日岳《あさひだけ》(1896 m) からなる北部は、50 ～ 20 万年前に生まれた古い火山群で、山体崩壊や地滑り、侵食により険しい山容を示している。一方、南部にある南月山《みなみがっさん》(1775.8 m) は、20 ～ 10 万年前の形成で、ブナなどの森に覆われ、山容は穏やかだ。

38 栃木県・群馬県

日光白根山《にっこうしらねさん》

溶岩ドームで起こった明治の噴火

日光白根山（2578 m）は、男体山《なんたいさん》（2486 m）と並ぶ、日光連山《にっこうれんざん》の主峰だ。関東平野《かんとうへいや》から見ると、男体山や庚申山《こうしんざん》（1892 m）の後ろに位置するため、「奥白根山《おくしらねさん》」とも呼ばれる。この山は、関東地方の最高峰で、これより北方には、この山を超える高山はない。かつて登るのは苦労だったが、西側からのロープウエーができたため、登山は容易になった。

日光白根山は、古い火山群がつくる窪《くぼ》みに生じた成層火山の上に、山頂部を構成する溶岩ドームが載った形になっている。この溶岩ドームには、その後の噴火で生じたと思われる大きな割れ目が、直交するように走っており、そのため山頂部は、荒々しい景観を示す。

日光白根山の山頂部。灰色に見えるのは 1890 年の噴火で堆積した軽石。

山頂部の溶岩ドームに入った大きな亀裂。

1890 年の火口とみられる皿形の浅い窪み。

◀ハクサンシャクナゲの花。森林限界付近に点在する。

この山では、17 世紀から火山活動が再開し、特に 1890 年（明治 23 年）の噴火では、山頂にある火口の南西側を中心に軽石をまき散らした。西側から登ると、突然開けた場所に出、枯死した木が見えるが、その周辺から上が明治の噴火の影響を受けたところである。噴火後、120 年ほど経過して、ようやくガンコウランやミネヤナギなどの群落ができるまでに、植被が回復した。

山頂部に近づくと、銀色の軽石が堆積した斜面が見えてくる。ここでは植被の回復が遅れ、裸地が広がっていて、イタドリやイワスゲが点在する。稜線《りょうせん》に出ると、すぐ前に円形のごく浅い火口が見える。これが 1890 年の噴火口らしく、現在は周囲にコマクサが生えている。

39

茨城県

筑《つく》波《ば》山《さん》

花崗岩《かこうがん》が押し上げた斑礪岩《はんれいがん》の岩体

筑波山は、標高 877 m にすぎないが、広い関東平野《かんとうへいや》においては特に目立つ山であり、古くから人気があった。2つのピークをもつ特異な山容は、富士山《ふじさん》(P.156) と高さ比べをして、山頂部を蹴飛ばされ、低くなったためだという伝説がある。また、万葉集には、山頂に男女が集まって歌垣をしたという話が出てくる。決して高くはないが、山頂からの展望は抜群だ。

筑波山の山頂部は、玄武岩《げんぶがん》質のマグマが地下で固まった斑礪岩という、岩が露出してゴツゴツしている。この岩のさらに下に花崗岩のマグマが入り込んできたため、それに押し上げられるようにして、高いところに分布するようになったものである。この岩が硬いことが筑波山の高度を維持することに役立っていることは、

南側の桜川《さくらがわ》低地から望んだ筑波山。左が男体山、右が女体山。

◀ブナ林。山頂付近に生育している。

山頂部。斑礪岩の岩体が露出する。

斑糲岩。硬い岩が侵食に耐えている。

照葉樹林。南斜面の下部に分布する。

間違いないと思われる。

　筑波山の２つに分かれた山頂部には、この程度の標高の山にしては珍しく、見事なブナ林が分布している。このブナ林は、太平洋側のブナ林に特有の、跡継ぎが育っていないという特色があり、現在あるブナが老齢化して枯れてしまえば、ブナはなくなってしまう可能性が高い。また、北側斜面には春先、広い範囲にカタクリの群生地ができ、多くの人が観察に訪れる。山頂付近では、南斜面にもカタクリを見ることができる。

　このほか、筑波山の南斜面の中腹では、ミカンが育つことが知られている。これは、中腹に気温の高い部分ができるためで、国内最北のミカン栽培地となっている。

40
千葉県
清澄山《きよすみやま》

不思議なヒメコマツの分布

房総《ぼうそう》半島の小櫃川《おびつがわ》を源流までさかのぼると、清澄山（377 m）に至る。清澄山は、全山が照葉樹林帯に含まれるが、東京大学の研究林「千葉演習林」を中心とする一帯には、タブノキなどの照葉樹に加え、モミ、ツガを中心とする針葉樹の森が広がっていて、そのなかにヒメコマツ（ゴヨウマツ）の大木も散在している。気温条件からは、ありえない不思議な分布だ。ヒメコマツは、もともと温帯起源の針葉樹で、中部日本では山地帯の尾根筋に生育し、ヒノキやクロベ、ツガなどの針葉樹と混生することが多い。しかし清澄山では、標高 200 m 台の東西方向に延びる、尾根の北側の肩の部分に集中的に分布する。なぜ、このようになったのだろうか。

清澄山の地質は、数百万年前～ 100 万年ほど前に、海底で堆

崖地に育つヒメコマツ。

千葉演習林近景。モミやツガの森が広がる。

ヒメコマツ（上）とモミ（下）の芽生え。

深い谷。谷のなかに入ると出られなくなることがあるので要注意。

積した砂岩《さがん》と泥岩《でいがん》からなる。泥岩は硬く、砂岩は軟らかいため、ヒメコマツが生育する尾根は、階段状になっている。ヒメコマツは、泥岩の岩盤をつかむように根を張り、その直下には砂岩層が崖をつくっていることが多い。下にある砂岩層が、風化によって徐々に崩落していくため、足元が削り取られた状態になり、ヒメコマツは生長するにつれて次第に根元が不安定化する。そして大木になった後、台風や豪雨に見舞われると、根こそぎに倒れ、北側の谷に崩れ落ちる。すると、尾根筋は日がよく当たるようになり、幼樹が育ちはじめる。そして以降は、上記の繰り返しである。奇妙なことだが、200年に１回くらい大木が倒れることが、ヒメコマツの存続を可能にしているわけである。

41 東京都

高《たか》尾《お》山《さん》

日本一植物の多い奇跡の山

高尾山は不思議な山だ。標高わずか 599.2 m なのに、日本列島に生育する、植物のおよそ 4 分の 1 に当たる植物が分布している。近年、種類は減少しつつあるが、それでも 1320 種はあるという。これはイギリス全土の植物に匹敵する数で、一山でこれほど植物の種類が多い山は、日本ではほかにない。植物の豊富さを反映して、昆虫や鳥類も種類が極めて多い。

高尾山は、気温条件から見る限り、山全体が照葉樹林の生育する範囲内に含まれる。しかし、実際には北斜面にブナやイヌブナ、カエデ類を主とする落葉広葉樹林が分布しており、本来なら 800 ～ 1600 m くらいの標高に分布する山地帯の植物群が、北斜面に低下してきた形になっている。なぜ、このようなことが起こった

基盤の折れ。地表に近い部分が重力の働きで折れている。自然研究路１号路沿い。

▲断層に沿う植物。断層に沿って地下水が出てくるため、ユキノシタやゼニゴケが生育している。

◀タカオスミレ。高尾山を代表するスミレ。新葉は茶色みを帯びる。

ブナ。高尾山の象徴。300 歳くらいの大木が多い。若木はない。

照葉樹林。ウラジロガシ、アラカシ、アカガシなどが多いが、タブやシロダモはほとんどない。

のだろうか。

筆者は落葉樹林の低下の原因が、小氷期と呼ばれる 16 ～ 19 世紀の寒冷期にあると考えている。小氷期には寒い北斜面では、基盤の粘板岩《ねんばんがん》が冬場の凍結によって破砕され、岩片になってしまった。このため、北斜面では斜面が安定せず、照葉樹の生育が困難になり、落葉樹が代わりに侵入したと考えられる。現在、ブナは枯れつつあるが、樹齢は 300 歳前後で小氷期に生育をはじめたことがわかる。

高尾山の森は、薬王院《やくおういん》の保護を受けて保存されてきた。しかし 2012 年、中腹が掘削されて、圏央道のトンネルが開通した。これは、いわば法隆寺《ほうりゅうじ》の庭に、道路をつくるようなもので、動植物に対する悪影響が懸念されている。

42
東京都
天上山《てんじょうさん》

「砂漠」に隠された秘密

天上山（571.6 m）は、伊豆諸島《いずしょとう》・神津島《こうづしま》の東北部に位置する火山だが、この山は、低い山にもかかわらず、高山植物が分布するなど、不思議に満ちている。西側の黒島《くろしま》登山口から登りはじめると、高木のスダジイが茂る森から、次第にウラジロとアカマツの低木、マルバシャリンバイなどに変化していく。これは、強風の影響である。山頂部は高原状で、比高 30 〜 50 m くらいの小山がいくつも点在する。小山は、低木や草原に覆われているが、谷間には高さ 3 〜 4 m のカクレミノやリョウブが密生している。

一番の見どころである、西側「表砂漠」では、流紋岩《りゅうもんがん》質の真っ白な軽石と火山砂が平坦な谷間を覆い、石庭を思わせる。砂地には、わずかだがコメツツジ、コウヅシマヤマツツジ、シマタヌキ

地質の断面。白い色の火砕流堆積物の上に溶岩の層（上部３分の１くらい）が載っているのがわかる。島の東側。

湿原。山頂部の火口湖が元になったもの。

「表砂漠」。白い軽石と火山砂が覆い、石庭のようだ。

「裏砂漠」。小さな高まりがいくつもできている。

ランなどが花を咲かせ、素晴らしい景観をつくる。南側の「裏砂漠」では、細かい砂が表面を覆い、植物が砂を止めてつくった、高さ１m くらいの小丘が目立つ。表面はコウヅシマヤマツツジが覆い、風の当たる側はまばらだが、反対側は密生している。

地質調査所によれば、天上山の地形・地質は、基本的に 838 年の火砕流を伴う、大規模な噴火によってできたものだという。しかし、表砂漠のような火山砂が堆積したところは、植物の生育がわずかなこと、分布範囲がごく狭いことから、おそらく数百年前に、小規模な割れ目噴火によって生じたものだと推定できる。天上山は 838 年以来、火山活動がなかったとされてきたが、実は小規模な噴火があり、それが珍しい植物を維持してきたと考えられる。

43 神奈川県

丹沢山地《たんざわさんち》

脆弱《ぜいじゃく》な地質がもたらした植生の多様性

丹沢山地（最高峰・蛭ヶ岳《ひるがたけ》／ 1673 m）は、神奈川県西部に広がり、県の面積約 6 分の 1 を占めている。標高 1500 ～ 1600 m 級の山地だが、県民を中心にファンは多い。

筆者がこの山々をはじめて見たのは、1960 年代後半だが、1923 年の大正関東地震によって発生した崩壊の傷跡が、山肌の至るところに白く残っており、最初は残雪と勘違いするほどだった。崩壊の直接の原因は地震だが、素因は崩れやすい脆弱な地質にある。実はこれが丹沢山地の特色で、その原因は、100 万年前からはじまった伊豆《いず》半島の本州への衝突にたどりつく。

丹沢山地の地質は、新第三紀の海底火山の堆積物が、西丹沢《にしたんざわ》を構成する石英閃緑岩《せきえいせんりょくがん》体を取り巻くように分布するが、いずれも伊

丹沢山地の山並み。多くのピークからなり、谷は深い。

崩れやすい地質。風化した石英閃緑岩。

折れたブナ。丹沢のブナには老衰が目立つ。

◀札掛のツガ林。これだけ立派なモミ・ツガ林は珍しい。

豆半島の衝突の影響を受けて、ひどく破砕され、ヒビだらけになっている。このため、地震や豪雨の際にひどく崩れやすい。ただし、標高 1400 m 以上の部分は、下流側からの侵食の前線がまだ達していないため、崩壊は少ない。

脆弱な地質は、植生の多様性の原因にもなっている。神奈川県自然環境保全センターの田《た》村《むら》淳《あつし》氏によれば、標高 1400 m 以上ではブナの大木が優勢で、林床にはオオバイケイソウ、マルバダケブキなどの草本が多い。ただしブナは、近年枯死したものが目立つ。崩壊の跡地では、フジアザミやヤハズハハコが生育する。札掛《ふだかけ》付近には、見事なモミ林やツガ林がある。ゴヨウマツ、カヤ、ヒノキが混じっているが、針葉樹のみからなる貴重な森だ。

44

北アルプス

白馬岳《しろうまだけ》

多彩な地質がもたらした豊かな植物相

長野県と富山県の境にそびえる白馬岳（2932.2 m）は、北アルプスのなかでも特に多雪で、風も強く、かつ地質が極めて複雑な山だ。そのため、高山植物の種類の豊富さは、大雪山《たいせつざん》（P.22～25）や北岳《きただけ》（P.138）と並んで抜きんでており、人気を博している。

白馬岳へ登るには、猿倉《さるくら》登山口から入り、全長3.5㎞と、日本最大のスケールを誇る雪渓「白馬大雪渓」を経由するコースが、もっとも一般的である。この大雪渓は、氷期の氷河を連想させるが、氷期の氷河は、はるかに大規模だった。氷河は、この谷全体を埋め尽くしており、厚さは数百mに達していた。

大雪渓を超えると、小雪渓が見えてくる。この２つの雪渓の間

列島自然めぐり　ここが見どころ 日本の山　　愛読者カード

平素は弊社の出版物をご愛読いただき，まことにありがとうございます。今後の出版物の参考にさせていただきますので，お手数ながら皆様のご意見，ご感想をお聞かせください。

◆この本を何でお知りになりましたか

1．新聞広告（新聞名　　　　　　　　）　4．書店店頭
2．雑誌広告（雑誌名　　　　　　　　）　5．人から聞いて
3．書評（掲載紙・誌　　　　　　　　）　6．授業・講演会等
7．その他（　　　　　　　　　　　　　　　　）

◆この本を購入された書店名をお知らせください

（　　　　都道府県　　　　　　市町村　　　　　　書店）

◆この本について（該当のものに○をおつけください）

	不満		ふつう		満足
価　格					
装　丁					
内　容					
読みやすさ					

◆この本についてのご意見・ご感想をお聞かせください

◆小社書籍へ今後どのようなテーマを希望されますか？

◆小社の新刊情報は、まぐまぐメールマガジンから配信しています。
ご希望の方は、小社ホームページ（下記）よりご登録ください。
http://www.bun-ichi.co.jp

料金受取人払郵便

牛込局承認

3054

差出有効期間
2015年4月
30日まで

郵便はがき

162-8790

東京都新宿区
西五軒町2-5 川上ビル

株式会社
文一総合出版　行

ご住所	フリガナ 〒 Tel.　　　(　　　)		
お名前	フリガナ	性別 男・女	年齢

注文書（書名）

日本の地形・地質 見てみたい大地の風景 116	本体 2,200 円＋税	冊
日本一の巨木図鑑 樹種別日本一の魅力 120	本体 2,200 円＋税	冊
	本体　　円＋税	冊
	本体　　円＋税	冊

※送料は3,000円（税別価格の合計金額）までは210円，それ以上は無料です。
※発送は3,000円以上の場合は代引発送となります。
※ご記入いただいた情報は，小社新刊案内等をお送りするために利用し，それ以外での利用はいたしません。

白馬三山。中央の薄茶のピークが杓子岳。その右の黒いピークが白馬岳。左手前が白馬鑓ヶ岳《やりがたけ》、左奥は旭岳《あさひだけ》。

は、「葱平《ねぶかっぴら》」と呼ばれ、急斜面になっているが、高山植物の宝庫として知られ、ハクサンイチゲ、イワオウギ、ミヤマキンポウゲ、シロウマアサツキなどが生育している。小雪渓を抜けると、氷河がつくったなだらかなカールのなかに入り、一面のお花畑が迎えてくれる。クルマユリ、ミヤマクワガタ、チングルマ、ハクサンフウロなど丈の高い植物が色鮮やかに咲いている。途中、ところどころに転がっている大きな岩は、氷期の氷河が運んできて残したものである。「羊《よう》背岩《はいがん》」と呼ぶ、氷河が削り残した丸みを帯びた大きな基盤岩も見える。

最後の坂を登りきると、白馬村営の山小屋「白馬岳頂上宿舎」に着く。一休みしたら、稜線《りょうせん》に出てみよう。丈の低い草本に覆われた、

地質境界。手前の無植生地と中景の植被地のコントラストが見事だが、これは地質の違いを反映したものである。

なだらかな斜面が広がっている。ただしそれまでの道のりで見られた植物の種類とは一変し、ヒゲハリスゲ、オヤマノエンドウ、トウヤクリンドウ、チシマギキョウ、 ヨツバシオガマ、タカネツメクサなどが優勢になる、風衝草原の植物に変わったわけである。

さらに、そこから南方に少し歩いて、丸山《まるやま》(2768 m)という、小さなピークまで行ってみよう。白馬岳《しろうまだけ》山頂の方を振り返ると、これまでと同様、風衝草原が続いているが、南に位置する杓子岳《しゃくしだけ》(2812 m)の方は、もっぱらコマクサが分布している。この植生の違いは、地質が流紋岩《りゅうもんがん》という、細かく割れやすい岩に変わったからである。白馬岳山頂付近も、流紋岩が現れるたびにコマクサが出現する。このように、岩の種類と生育する植物の対応を見ながら歩くと、山歩きがずっと楽しくなる。

杓子岳。流紋岩からなり、コマクサが多い。手前は葱平《ねぶかっぴら》カール。

氷期の氷河が残した岩塊。氷河は巨大な岩を運ぶ力をもっている。

線上凹地。斜面に生じた断層。右の稜《りょう》線《せん》側が 6 m ほど落ち、崖ができた。

アオノツガザクラ群落。雪解けの遅いところに分布する。

流紋岩の礫《れき》地に生育しているコマクサ。

鹿島槍ヶ岳《かしまやりがだけ》

気品のある双耳峰《そうじほう》

鹿島槍ヶ岳(2889.1 m)は、ピークが 2 つある典型的な双耳峰だ。どちらの岩峰も気品があり、登山者には人気がある。

鹿島槍ヶ岳に登るには、扇沢《おうぎざわ》から入って爺ヶ岳《じいがたけ》(2669.8 m)と布引岳《ぬのびきだけ》(2683 m)を経由するのがお勧めだ。距離は長いが登りやすく、道中の風景は素晴らしい。爺ヶ岳からのコースでは、ハイマツや風衝矮性《わいせい》低木群落に覆われた、なだらかな岩塊斜面が卓越する。ここの岩塊は、木曽駒ヶ岳《きそこまがたけ》(P.132)などで見られる、直径 1 ～ 2 m もある大きなものではなく、人頭大か、それより小さいものが多い。岩塊は 200 万年ほど前に、爺ヶ岳の南にあったと推定されている火山(カルデラ)から噴出した安山岩《あんざんがん》質溶結凝灰《ようけつぎょうかい》岩《がん》が、氷期の凍結破砕作用を受けて割れたものだ。

白い色をした双耳峰が美しい鹿島槍ヶ岳。左が南峰、右が北峰。

左の写真に続く谷間。氷期には氷河が詰まっていた。

▲岩塊斜面。人頭大の礫《れき》が卓越する。無植生地が多い。

◀赤岩尾根のネズコ。これだけ見事なネズコ林は珍しい。

一方、稜線《りょうせん》を挟んで東側は、対照的に切り立った断崖となっている。冬季、なだらかな西側斜面から吹き払われた雪は、東側の断崖を雪崩となって落下し、谷底に大きな雪渓をつくり出す。これがカクネ里などにある雪渓だ。雪渓は秋まで残り、時には越年する。氷期には雪渓が氷河に発達し、カクネ里だけでなく、大谷原《おおたんばら》や北股谷《きたまたたに》なども谷氷河に覆われた。

鹿島槍ヶ岳の山頂部から北では、地質が突然、花《か》崗岩《こうがん》と流紋岩《りゅうもんがん》質溶結凝灰岩に変化し、それは北にある五《ご》龍岳《りゅうだけ》(2814 m)まで続く。流紋岩質溶結凝灰岩の一部は風化や断層の影響を受けて脆《もろ》くなっており、西側からの侵食を受けて、危険な痩せ尾根が続くキレットになった。鹿島槍ヶ岳の北側にある「八峰《やつみね》キレット」はその代表である。

2回も焼きを入れられた岩峰

剱岳（2999 m）はかつて針の山と形容され、登山は不可能だと考えられてきた。剱岳の山頂は、なぜあんなに尖《とが》っているのだろうか。かつては氷食のせいだとされていたが、筆者は、本峰の山頂部を構成するのが硬く緻密な岩石（石英閃緑岩《せきえいせんりょくがん》）であるせいではないか、という仮説を立てたことがある。しかし、信州大学理学部の原山智《はらやまさとる》教授は、著書『超火山 槍・穂高』（山と渓谷社）で、これとはまったく別の説を提示した。

それによれば、1億8000万年前に剱岳をつくる花崗岩《かこうがん》が貫入してきた後、7000万年前、700万年前の2回にわたって、山体の東側の剱沢付近に高熱を帯びた花崗岩のマグマが上昇し、古い花崗岩を焼いた。これにより、剱岳では、風化で緩んでいた鉱物

剱岳山頂部。左手から斜めに続く雪渓のある谷が平蔵谷。右手の岩峰群がハツ峰。

剱沢大雪渓。北アルプス三大雪渓のひとつ。かつての氷食谷を埋めて雪が溜まっている。

チングルマ。雪解けが遅い場所に分布する。

お花畑。岩屑《がんせつ》が堆積した崖錐《がいすい》上に成立している。

と鉱物の境目が、再結晶し強固になった。いわば焼きを入れられたために、剱岳の花崗岩は硬くなり、侵食に抵抗して険しさが維持されたのだという。一方、こうした焼き入れの洗礼を受けなかった、立山《たてやま》連峰の別山《べっさん》(2880 m)や真砂岳《まさごだけ》(2861 m)、雄山《おやま》(3003 m)などでは、花崗岩が風化してボロボロになって崩れ、山もなだらかになってしまった。真砂岳とは、文字通り、細かい砂や礫《れき》で山の表面が覆われていることを示す地名である。

剱岳では、稜線《りょうせん》のところどころに「窓」と呼ばれる鞍部《あんぶ》がある。鞍部には断層が見られ、基盤が緩んでいることから、そこだけ侵食が進んで「窓」になったとみられる。「窓」は平蔵谷《へいぞうたん》のように谷に続き、そこの残雪は剱岳を岩と雪の殿堂にした。

47 北アルプス

立山《たてやま》

火山と氷河によってつくられた山

古くは、日本を代表する山岳信仰の山として崇敬されてきた立山（3015 m）だが、立山黒部《たてやまくろべ》アルペンルートの開通以後は、年に100 万人もの人が訪れる大衆観光の山に変化した。立山の生い立ちには、火山と氷河の両方が関わっている。表登山口である富山県側の室堂《むろどう》付近には、多数の温泉があり、「地獄谷《じごくだに》」と呼ばれる噴気地帯や、「みくりが池」などの小さい池がいくつもある。いずれも火山活動の産物で、信仰登山の時代にはいくつもの地獄を巡るのが定番のコースとなっていた。

みくりが池から望む立山。中央のへこみが山崎カール。

　また、室堂から下方に 20 km 余りにわたって弥陀ヶ原《みだがはら》が続く。これは、浄土山《じょうどさん》(2831 m) の南にあったと想定される、立山火山から噴出した火砕流がつくった溶結凝灰岩《ようけつぎょうかいがん》の台地である。この台地の下半分にはタテヤマスギの森ができ、上半分には池塘《ちとう》の点在する高層湿原ができている。タテヤマスギのある標高は、ブナ帯に当たっており、本来ならば、ブナ林が優占すべきところである。ではなぜブナ林が優占しないのだろうか。これは、溶結凝灰岩台地の表面が 10 万年経った現在でも貧栄養で、豊かな土壌を必要とするブナの生育に

内蔵助カール。氷期の氷河が削った浅いカール。周囲の花崗岩は真砂化している。

はむいていないからだと考えることができる。このことはタテヤマスギと一緒に生えている樹木がネズコやコメツガ、ゴヨウマツなど岩角地や貧栄養の場所に生えるものばかりであることから裏づけられる。現在、この幻の火山の中心部は崩壊してなくなり、その跡は「立山カルデラ」と呼ばれる、巨大な崩壊地になっている。

主峰の雄山（3003 m）から、北方の真砂岳《まさごだけ》（2861 m）へ至る主稜線《りょうせん》は、古い花崗岩《かこうがん》からなり、氷期にはそこから東西に氷河が延びていた。氷河の侵食跡は「内蔵助《くらのすけ》カール」や「山崎《やまさき》カール」（国の天然記念物）となっている。室堂《むろどう》付近では、溶岩層の上に礫《れき》層が堆積し、その上に大きな岩塊が転がる。いずれも、当時の氷河が運んできた堆積物だと考えられている。カール内には現在も大量の積雪があり、その一部は越年生の雪渓となっている。内蔵助カールや剱岳《つるぎだけ》（P.110）東方の「剱沢《つるぎさわ》雪渓」では、近年、雪渓下部の氷体の流動が確認され、「日本に氷河が存在した」とちょっとした話題になった。

地形の段差。花崗岩のなかでも硬い部分のみが突出し、岩場をつくる。

弥陀ヶ原《みだがはら》の池塘《ちとう》。

ブナ坂のブナ。溶結凝灰岩の段差の部分に当たる。ここにだけブナが分布。

立山《たてやま》地獄《ぢごく》。現在でも噴気があり、荒涼とした風景が広がる。

氷河が運んできた岩塊。一ノ越《いちのこし》への登山道沿いで見られる。

48 北アルプス

薬師岳《やくしだけ》

特別天然記念物になったカール

薬師岳（2926 m）には、稜線《りょうせん》の東側に 3 つ並んだ見事なカールがある。このカール群は日本でたった 2 例しかない、国の特別天然記念物のカールに指定されている。

太郎兵衛平《たろべえだいら》から山頂部を見ると、植物が乏しく、赤茶けて見える。実際、現地へ行っても、タカネスミレやコマクサがわずかに分布するだけだ。筆者の古いゼミ生が卒論の調査で、その理由について調べ、この一帯では約 3000 年前のネオグラシエーション期と呼ばれる寒冷期に、細かい岩屑《がんせつ》の生産があり、現在でも動いているためだということを明らかにした。割れた岩は、6500 万年も前にカルデラに溜まった火砕流堆積物で、岩の種類では溶結《ようけつ》凝灰岩《ぎょうかいがん》になるそうだ。

雲ノ平（P.118）から見る薬師岳の東面。右手に地層のような構造が見える。

薬師岳カール。上空から見たもの。雪渓の横の高まりはモレーン。

薬師岳西側斜面。溶結凝灰岩が割れてできた白い岩屑が覆う。

◀岩塊斜面。北薬師岳にはこのような岩塊斜面が広がる。

一方、北薬師岳（2900 m）は、直径 50 cm くらいの岩塊で覆われ、その割れた年代は、1 万 2000 年くらい前の寒冷期に当たることがわかった。同じ岩なのだが硬さに差があり、このような結果になった。

薬師岳への登山は、折立《おりたて》からが一般的だ。亜高山針葉樹林を過ぎると、太郎兵衛平に続くなだらかな草原に出る。登山道沿いで土壌の断面が見えるので、観察してみよう。草原の下には、黒い土（泥炭または湿性草原土）が 30 cm ほど溜まっているが、その下に白色が目立つ軽石の層があり、そのさらに下には暗い朱色の層がある。これは約 7300 年前に、屋久島《やくしま》の北にあった「鬼界《きかい》カルデラ」から噴出したアカホヤ火山灰で、風化して粘土になったために泥炭の堆積がはじまった。これが池塘《ちとう》や湿性草原の分布する理由である。

雲《くも》ノ《の》平《だいら》（祖父岳《じじだけ》）

美しい湿原をつくり出したアカホヤパミス

雲ノ平は、北アルプスのちょうど真んなか、黒部川《くろべがわ》の源流にある高原だ。もともとは、祖父岳（2825 m）からの溶岩がつくった溶岩台地で、湿原が美しいところである。しかし、どの地点から雲ノ平を目指しても、たどり着くのに日数がかかることから、山屋にとっては憧れの場所となっている。ここから見る水晶岳《すいしょうだけ》（2986 m）や黒部五郎岳《くろべごろうだけ》（P.120）は特に素晴らしい。

雲ノ平には、不思議な火山活動の影響がある。ここには、アカホヤと呼ばれる朱色のパミス（浮石）が載っていて、それが湿原の形成をもたらしたのだ。パミスは、7300 年前に屋久島《やくしま》のすぐ北に位置する、鬼界カルデラが大噴火した際に飛んできたもので、風化すると粘土になるため、パミスの堆積後、泥炭や湿原ができ

祖父岳。ここから流れた溶岩が平坦な場所を覆い、雲ノ平をつくった。

台地の表面に池塘《ちとう》ができている。これはアカホヤ火山灰のせいである。

祖父岳山頂の植生。この溶岩はアカホヤ降下以後に噴出したため、乾燥した草原になっている。

◀アカホヤ火山灰。フィールドノートのある部分の赤黒い層。上のオレンジ色の層は立山（P.112）から噴出したパミスの層。

はじめた。

このパミスよりも後に噴火した祖父岳では、ガサガサした溶岩が山頂を覆う。イワスゲやガンコウランなどの群落が見られるだけで、植被は乏しいが、この山頂で面白いものを見つけた。火山から噴出した安山岩《あんざんがん》の上に花崗岩《かこうがん》の塊がいくつも転がっていたのである。火山学の常識からいえば、ありえない話だ。そこで、「溶岩の下に花崗岩の岩盤があり、マグマがそこを通過するときに周囲の花崗岩を打ちかいて、マグマに取り込んで上昇してきたのではないか」という仮説を立てた。仮説を実証するために、どんどん降りて行ったところ、黒部川の谷への降り口付近で、安山岩溶岩と花崗岩の岩盤の接触部を確認できた。仮説は正しかったのである。

50 北アルプス

黒部五郎岳《くろべごろうだけ》

底の抜けた巨大カールからわかること

黒部五郎岳（2839 .6 m）は、巨大なカールをもつ特異な山として知られている。薬師岳《やくしだけ》（P.116）南方の太郎山《たろうやま》（2372.9 m）と三俣蓮華岳《みつまたれんげだけ》（2481.2 m）の間にあり、独立峰のような風格と、独特の風貌からすぐ黒部五郎岳だということがわかる。訪れる人は多くないが、カールの内部には、氷河の運んできた岩塊がゴロゴロしており、氷河が削った羊背岩《ようはいがん》もある。植物も多彩で、まさに山の上の別天地だ。

木曽駒ヶ岳《きそこまがたけ》（P.132）や薬師岳（P.116）のカールは、縁が馬蹄形《ばていけい》で、平坦な底の部分の下方は、急な谷頭となって落ちていく。しかし、黒部五郎岳の場合、平坦な底の部分がほとんどなく、カールは開いたまま、はるか下の「五郎沢《ごろうざわ》」まで続いてしまう。黒部五郎岳

黒部五郎岳のカール。東に向かって大きく開いている。

氷河の侵食でできた丸みを帯びた岩・ルントヘッカー（羊背岩）。

［1981 年 8 月 13 日撮影；小野有五］

なだらかなカールの底。草原になっている。　［1981 年 8 月 13 日撮影；小野有五］

西側上空から見下ろしたカール。

のすぐ北にある北《きた》ノ《の》俣岳《まただけ》（2662 m）には、北アルプスが隆起する前にできたとされる平坦地があることから、ここにも平坦地があって、そこに大量の雪が堆積し、ついに底が抜けて大きなカールになった可能性が高い。崩壊が関わっている可能性もある。カールの下部の側方には、縦方向に顕著な側堆石（ラテラルモレーン）がついていて、その形成は最終氷期前半の氷河によるものとされている。

最終氷期後半には、氷河の拡大はカールの上部に限られていた。より寒い時期なのに氷河の発達が悪かった理由として、北海道大学の小《お》野《の》有五《ゆうご》教授は、当時、日本海に対馬海流の流入がなかったため、積雪が現在の 3 分の 1 程度まで減少していたためだと考えた。山を調べて海のことが明らかになったのである。

花《か》崗岩《こうがん》の白さが際立つ岩峰群

安曇野《あづみの》から北アルプスを望むと、正面に常念《じょうねん》山脈の山並みが続く。その最北部にあるのが、燕岳（2762.9 m）である。名前の由来は、ツバメに似た雪形に因むらしいが、昔はツバメよりも「つばくろ」の方が一般的だったようだ。

常念山脈は、南にある蝶《ちょう》ヶ《が》岳《たけ》（P.124）付近を除き、ほぼ全域が花崗岩でできている。燕岳周辺の花崗岩は雪のように白く、ハイマツの緑とのコントラストが美しい。急登で知られる「合戦尾《かっせんお》根《ね》」を登りつめ、燕山荘のある稜線《りょうせん》に出ると、誰もが歓声を上げる。燕岳山頂だけでなく、反対側の大天井岳《おてんしょうだけ》（2921.9 m）に至る稜線を見ても、白い頂上をもつ山並みが連続する。そこには、奇妙な形をした岩峰が目立つ。だが、その先の常念岳は一転して、

燕岳の山頂部。白い砂地と不思議な形をした岩が続く。

燕岳のトア。岩の硬い部分が侵食に抵抗して残ったもの。

イルカ岩。イルカにそっくりな形をしている。

◀コマクサ（上）とタカネスミレ（下）。花崗岩が風化してできた砂礫地に生育している。

黒い色に変化する。同じ花崗岩なのに、なぜこんなに違いが生じたのだろうか。

　花崗岩は、もともと白い岩だが、燕岳の花崗岩の多くは鉱物の粒子が粗い。そのため、風化すると鉱物が岩の表面からポロポロと剥がれ、移動して砂礫《されき》地をつくり出す。この砂礫地が白い斜面となり、同時にコマクサの生育地となった。一方、鉱物の粒子が細かいところは、岩が締まっていて風化しにくい。このため、岩は侵食に抵抗して突出する傾向がある。常念岳の場合もこれに近いが、岩は氷期に大きく割れて、広大な岩塊斜面が生じた。その後、岩塊の表面を黒い地衣類が覆ったため、結果的に全体が黒っぽく見えることになった。黒いのは、岩の色ではなかったのである。

波打つ森林限界

蝶ヶ岳（2677 m）の西側斜面は、北アルプスではほとんど唯一、切れ目なく続く斜面となっている。ここでは、亜高山針葉樹林がよく発達し、その上限である森林限界もはっきりわかる。徳沢《とくさわ》からの登山道をたどり、針葉樹林帯を抜けたら、そこで立ち止まり、森林限界をじっくりと観察してみよう。森林限界が舌状に垂れ下がったり、上昇したりして、大きく波打っていることに気がつくはずだ。どうして、この現象は起こるのだろうか。

森林限界が垂れ下がった部分で足元に目をやると、表土はそれまで登ってきた斜面の柔らかい森林土壌からゴロゴロとした岩塊地へ変わることがわかるだろう。稜線《りょうせん》部から下方に延びてきた岩塊斜面は、森林限界の位置で 2 m ほどの崖をつくって急に終わる。

蝶ヶ岳山頂部。なだらかな地形の上に砂礫《されき》地が広がる。手前はハイマツ。

岩塊斜面の発達するところでは森林限界が下がり、ハイマツが分布する。

硬砂岩が割れてできた礫地に点在するイワツメクサ。

◀砂礫地のオヤマソバ。

シラビソ、オオシラビソなどの針葉樹は、その崖の直下まで迫っているものの、岩塊斜面上には進出できないでいる。

逆にゴロゴロと岩が積み重なった岩塊斜面には、ハイマツが岩塊を覆うように生育している。土壌条件の悪い岩塊斜面は、明らかに針葉樹林の上昇を食い止め、代わりにハイマツの低下を促している。ここの岩塊斜面をつくる花崗斑岩《かこうはんがん》は、凍結破砕作用を受けて、大きく割れる性質をもっている。蝶ヶ岳では、花崗斑岩地でのみ岩塊斜面が発達するため、森林限界はそこだけ低下することになる。逆に泥岩《でいがん》や粘板岩《ねんばんがん》からなり、岩塊斜面が分布しないところでは、森林限界は稜線に近い位置まで上昇している。地質の影響が思わぬところに表れているのである。

53 北アルプス

蓮華岳《れんげだけ》

知られざるコマクサの宝庫

蓮華岳(2798.6 m)は地味な山だが、実はコマクサの宝庫だ。立《たて》山黒部《やまくろべ》アルペンルートの扇沢《おうぎざわ》から「針ノ木《はりのき》雪渓」をさかのぼって針ノ木峠(2536 m)を目指す。峠から西に行けば針ノ木岳(2820.6 m)、東に向かえば蓮華岳である。

蓮華岳への登りは比較的緩やかで、しばらく登るとコマクサが一面に咲く、だだっ広い稜線《りょうせん》に出る。まさに、見渡す限りコマクサといった感じだ。おそらく日本最大級のコマクサ群落だろう。

なぜ、蓮華岳でコマクサの大群落ができたかというと、地表面をつくる岩がたいへん割れやすく、コマクサの生育に適した砂礫《されき》地が広い範囲にわたって生じたからである。岩は風化してボロボロになった安山岩《あんざんがん》や流紋岩《りゅうもんがん》質の溶結凝灰岩《ようけつぎょうかいがん》で、平たく割れている

蓮華岳の山頂部。斜面を覆う砂礫の大きさや色が違うためモザイク状に見える。

コマクサ。安山岩の溶岩が細かく割れてできた礫《れき》地に群落をつくる。

▲カラマツの偏形樹。

◀タカネツメクサ。

ものが多い。

安山岩や流紋岩は、火山をつくる岩である。しかし現在、蓮華岳付近に火山は存在しない。蓮華岳に、なぜ火山岩が分布するのだろうか。信州大学理学部の原《はら》山《やま》智《さとる》教授によれば、およそ 200 万年前、爺《じい》ヶ《が》岳《たけ》（2669.8 m）南方に中心をもつ、巨大なカルデラ火山ができ、そこから噴出した溶岩や溶結凝灰岩が、蓮華岳や針ノ木岳付近にまで広がったのだという。恐るべき規模の噴火である。

その後の侵食で、巨大な火山は開析されて多くの谷が入り、爺ヶ岳や針ノ木岳、蓮華岳など、いくつものピークに分かれた。したがって、蓮華岳のピークは、火山そのものではない。

この山では風で変形したカラマツの偏形樹も面白い。

北アルプス 槍《やり》ヶ《が》岳《たけ》

穂先はなぜ尖《とが》っているのか

「あっ、槍だ！」夏の日本アルプスで、この言葉が何回繰り返されるだろうか。槍ヶ岳（3180 m）の穂先は日本アルプスのシンボルだが、この鋭い穂先はどのようにしてできたのだろうか。

これまでは、氷河が削り残したピークであると考えられてきた。しかしよく見ると、槍の穂先は東に相当傾いている。南の中岳《なかだけ》（3084 m）や大喰岳《おおばみだけ》（3101 m）付近から見ると、この傾きはよくわかる。氷河が削ったのなら、こんな非対称にはならないはずだ。この傾きはなぜ生じたのだろうか。この問題に答えを出したのが、信州大学理学部の原山智《はらやまさとる》教授だ。

原山教授によれば、基盤に入った節理（岩盤に生じた割れ目）も、本来垂直であったものが東に傾いていることから、岩層自体が東

氷河公園から望む槍ヶ岳。穂先は東側に傾いている。

大槍《おおやり》モレーン。槍沢《やりさわ》を登って行くと、立ちはだかるようこのモレーンが現れる。2万年前の氷河拡大期のモレーン。

殺生《せっしょう》カール。山頂直下のカール。崖錐《がいすい》上に植生がついている。

◀ミヤマクワガタ。カール底に分布する。

に傾いたのだという。100万年ほど前、伊豆《いず》半島が本州へ衝突した際、日本列島は東西から強く圧縮されるようになった。そのため、各地で山脈が隆起をはじめた。しかし、東西からの圧力の影響はそれだけに止まらない。ついには、槍ヶ岳や穂高岳《ほたかだけ》（P.130）などの北アルプスの主軸を、滑るように西に移動させ、笠ヶ岳《かさがたけ》（2897.5 m）などからなる西側の基盤にのし上がるような動きをさせた。その結果、槍穂高の山稜《さんりょう》は東に傾いてしまい、それが槍の穂先を20度くらい曲げるという結果をもたらした。

穂先をつくるのは、凝灰角礫岩《ぎょうかいかくれきがん》という岩石で、周囲の岩石に比べて著しく硬い。そのため、穂先は風化によって岩片を剥ぎ取られ、徐々に痩せはしたものの、鋭さと昔の傾きを保ってきたのである。

55 北アルプス

穂《ほ》高《たか》岳《だけ》

176万年前の巨大カルデラ

奥《おく》穂《ほ》高岳《たかだけ》(3190 m) を中心として屹立《きつりつ》するいくつかの岩峰を総称して穂高岳、あるいは「穂高連峰」と呼ぶ。この山の特色といえば、何といっても、鋸《のこぎり》状をした稜線《りょうせん》(ナイフリッジ) や、切り立った岩壁が至るところに現れるということであろう。

ナイフリッジが続く代表的なコースは、奥穂高岳からジャンダルムを経て西《にし》穂《ほ》独標《どっぴょう》までの稜線と、北穂高岳 (3106 m) 山頂から大《おお》キレット (2748 m) を経て南岳に至るまでの稜線だ。前者は直線距離にすれば、わずか 3 km 弱だが、鎖場や断崖が連続する難所になっている。また、大キレットへの下りも有名な滝谷を見下ろす形になるため、足元が切り立っていて恐ろしい。これらの険しい地形をつくった原因は、氷期の氷河の侵食と地質にある。

穂高岳。日本アルプスを代表する岩峰群。

左手奥が涸沢《からさわ》カール、右側の窪《くぼ》みは北穂高のカール。いずれも氷期の氷河の侵食でできた。

▲崖錐《がいすい》。上部の岩壁から崩壊してきた岩屑《がんせつ》が堆積してできた。直線状の斜面をつくる。

◀崖錐をつくる岩塊。

穂高連峰の主要部を形成するのは、穂高安山岩《あんざんがん》類と呼ばれる火成岩で、安山岩質の溶岩や溶結凝灰岩《ようけつぎょうかいがん》からできている。かつては、「ひん岩」と呼ばれてきた岩石だが、信州大学理学部の原山智《はらやまさとる》教授の精力的な調査によって、その性質が明らかにされた。それによれば、穂高安山岩類は、176万年ほど前に現在の穂高連峰にあたる部分に生じた、巨大なカルデラを埋めるように噴出した火成岩で、厚さは1500mに達するという。この岩体はその後、北アルプスの隆起によって、ゆっくりともち上げられ、ついには現在のような高所に達して強い氷食を受けることになった。なお、ジャンダルム付近は、閃緑斑岩《せんりょくはんがん》という岩石からなり、縦方向の割れ目が多いため、特異な地形をつくっている。

56 中央アルプス

木曽駒ヶ岳《きそこまがたけ》

手軽に見られる氷河地形

木曽駒ヶ岳（2956 m）は、一般の観光客が手軽に氷河地形を見られる唯一の山だ。この山では、標高 2600 m までロープウエーで上がることができ、千畳敷《せんじょうじき》駅を出ると、正面に大きな「千畳敷カール」が広がる。カールとは、氷期の氷河が川の源流部を削ったもので、プリンをスプーンで一口すくったような形をしている。稜線《りょうせん》に近いところは急だが、カールの底部分は平らで、そこに小さな湖がある。カール内にはお花畑が広がり、さまざまな高山植物を間近で観察することができる。

山頂部へ登るには、それなりの装備が必要だが、余裕があればカールの壁を登り、山頂まで足を延ばしてほしい。山頂部は強風のため、植生はカール内と一変し、風衝矮性《わいせい》低木群落や風衝草原

千畳敷カール。カールの底は平坦になっている。左のピークは宝剣岳。

崖錐《がいすい》の植生。シナノキンバイやミヤマキンポウゲなどが咲き乱れる。

階段状構造土。幅数十㎝、段差 30㎝くらいの階段が続く。

◀ヒメウスユキソウ。エーデルワイスの仲間で中央アルプスの固有種。

といった群落が卓越する。中岳《なかだけ》(2925 m) と本岳《ほんだけ》の間にある宮田《みやた》小屋から、「濃ヶ池《のうがいけ》カール」の方へ向かうと、両側に何段も続く階段が見えてくる。これを「階段状構造土」と呼び、砂礫《されき》が移動するうちにふるい分けが起こってできた珍しい地形である。また、山頂に向かって歩いている途中、稜線が 2 列、3 列になっているのが見える。これは、稜線部に小さな断層ができ、段差が生じたもので、かつては「二重山稜《さんりょう》」と呼んでいたが、近年は「線状凹地」と呼ぶことが多くなった。

山頂からは千畳敷駅に戻るが、山に慣れた方は、南に位置する宝《ほう》剣岳《けんだけ》(2931 m) に登り、そのまま降りて極楽平《ごくらくだいら》まで行き、そこから千畳敷駅に降りるのもお勧めだ。ただ、少々危険なので十分注意していただきたい。

57 南アルプス

甲《か》斐《い》駒《こま》ケ《が》岳《たけ》

大規模な岩塊斜面

南アルプス北部の名峰、甲斐駒ヶ岳(2967 m)。JR 中央本線の車窓や中央自動車道からも、ピラミッド型をした雄姿を仰ぐことができる。隣接する、鋸歯状《きょしじょう》をした鋸岳《のこぎりだけ》(2685 m)の稜線《りょうせん》と対照的な形なので、わかりやすい。

甲斐駒ヶ岳に登るには、かつては釜無川《かまなしがわ》の谷から一気に登る黒《くろ》戸《と》尾根コースが使われたが、南アルプススーパー林道の開通後は、北沢《きたざわ》峠から登るのが一般的になった。北沢峠から仙水《せんすい》峠までは、なだらかな登りで、登山道沿いのカラマツの枝が極端に変形していることから、西から東に強風が吹き抜けることがわかる。仙水峠からは、甲斐駒ヶ岳の肩に当たる駒津峰《こまつみね》(2752 m)まで急な登りになるが、その両側は崖錐《がいすい》状の岩塊斜面となっている。これも

甲斐駒ヶ岳山頂部。右のピークが摩利支天。

花崗岩《かこうがん》のトア。

▲駒津峰南斜面に広がる岩塊斜面。一部は森林が成立している。

◀白い砂礫《されき》と緑のハイマツのコントラストが美しい。

氷期に生産された岩塊の堆積だと見られ、直径数十 cm の、風化して黒みを帯びた岩が累々と堆積している。斜面の大半はまだ植被がほとんどつかず、裸地の状態が保たれているが、一部にはカラマツやシラビソ、ハイマツがパッチ状に生育しはじめている。標高 2280 m の岩塊斜面の末端部にはハイマツが目立ち、かつて植物の研究者によって「垂直分布帯の逆転」という形で報告されたことがある。

この大規模な岩塊斜面を登りつめると、駒津峰だ。ここから先は、ほぼ露岩地となり、正面に甲斐駒ヶ岳の、頭を削り取ったような山頂が見える。また、その東側には甲斐駒ヶ岳と張り合うように、摩《ま》利《り》支《し》天《てん》の丸みを帯びた峰がそびえている。いずれもどっしりとした形で、迫力を感じさせる。

58

南アルプス

鳳《ほう》凰《おう》山《ざん》

地蔵のオベリスク。花崗岩からなるトア。

タカネビランジ。この一帯の固有種。

侵食地形。花崗岩が侵食されて美しい景色をつくる。

◀条線土。砂礫がふるい分けを受けて縞々になっている。スケールは長さ1m。

見事な花崗岩《かこうがん》の侵食地形

鳳凰山は、南アルプスの北部に位置する地蔵ヶ岳《じぞうがたけ》(2764m)、観《かん》音ヶ岳《のんがだけ》(2840.4m)、薬師ヶ岳《やくしがだけ》(2780m)の、三山の総称だ。全体的に大きく盛り上がった山体を形成し、「鳳凰三山《ほうおうさんざん》」と呼ぶことも多い。なかでも、地蔵ヶ岳のてっぺんにある岩峰、通称「地蔵のオベリスク」は、麓を走るJR中央本線や中央自動車道からも、認めることができ、登山者にはよく知られている。

一般的に、南アルプスの山々は大部分が「四万十帯《しまんとたい》」と呼ばれる、黒っぽい堆積岩類からなる。そしてこれを密度の濃い亜高山針葉樹林が広く覆うため、全体として暗く、とっつきにくい印象を与える。しかし、もっとも北に位置する鳳凰山と甲斐駒ヶ岳《かいこまがたけ》(P.134)は、白い花崗岩からなり、植被も乏しい。このため、この二山の山容は明るく、かつ特異である。

鳳凰山の花崗岩は、構成する鉱物粒子が大きく、数mm～2cmくらいもあり、風化すると、母岩からポロポロと剥げ落ちる性質がある。そのため山頂部は、強風地を中心に一面の砂礫《されき》地になり、そこからトア(岩峰)が飛び出すような形になっている。このような地形景観は珍しい。この砂礫地では、細かい砂礫と粗い砂礫がふるい分けられて、縦方向に配列して縞模様になる「条線土」ができている。登山道のすぐ近くで観察できるので、自然のつくり出した造形を楽しんでいただきたい。

また、山頂への道中で、花崗岩特有の見事な侵食地形も見ることができる。これも非常に珍しい地形で、一見の価値がある。

北岳《きただけ》

高山植物の固有種の宝庫

赤石《あかいし》山脈の北に位置する北岳（3193 m）は、富士山《ふじさん》（P.156）に次ぐ、日本第二位の高峰である。南アルプスの最高峰でもあり、南に並ぶ間ノ岳《あいのたけ》（3189.1 m）や農鳥岳《のうとりだけ》（3025.9 m）と共に「白峰三山《しらねさんざん》」と呼ばれ、ピラミッド型の端正な姿は、遠くから見てもよく目立つ。しかし北岳は、山容よりも、むしろ高山植物の種類が多いことと、固有種が多いことで知られている。種類の多さでは、白馬《しろうま》岳《だけ》（P.104）や大雪山《たいせつざん》（P.22 ～ 25）と並ぶが、固有種の多い山としては、北岳がトップである。

たとえば、北岳の名前を冠した植物だけでも、キタダケソウをはじめ、キタダケキンポウゲ、キタダケヨモギ、キタダケトリカブト、キタダケカニツリなど８種類を数え、その多くが北岳にし

間ノ岳から望んだ北岳。全体に植被が乏しく、露岩地が広がるが、実は固有種の宝庫である。

か分布しない固有種、または準固有種である。その代表がキタダケソウで、日本国内では、ほかに分布域は見られない。ちなみに近縁種ヒダカソウは、日高《ひだか》山脈・アポイ岳（P.36）にのみ分布する。キタダケソウは、雪解け後の６月中旬から７月上旬に見ごろを迎える。

固有種の豊富さは山頂の地質が関係

北岳で高山植物の固有種が多い理由として考えられるのは、山頂部の地質が複雑なことである。南アルプスの山は、砂岩《さがん》や泥岩《でいがん》といった堆積岩で構成されている山がほとんどである。しかし北岳の場合、山頂部に玄武岩《げんぶがん》やチャート、石灰岩《せっかいがん》など、１億年以上も前に、南太平洋の海底火山付近で堆積した岩石がゴチャゴチャと固まっていて、異彩を放っている。

肩ノ小屋から望む北岳山頂部。ここから急に険しくなる。

このうち、特に珍しい植物が多いのは、山頂南側の石灰岩《せっかいがん》地だ。氷期の氷食によって生じた急斜面のわずかな窪《くぼ》みや崖錐《がいすい》上に、キタダケソウをはじめとする、多数の植物がひしめき合って生育している。基本的には雪が遅くまで残る斜面だが、群落の組成を調べると、強風地の植物が混じり込んできている。

また、北側に位置する小太郎山《こたろうやま》（2725.1 m）へと延びる「小太郎尾根」は、砂岩《さがん》や泥岩《でいがん》から構成される。このなだらかな稜線《りょうせん》は、二重になっていて、シナノキンバイ、イワツメクサ、ミヤマキンポウゲなど、たくさんの高山植物を見ることができる。高山植物がもっとも盛んな時期は、7月初旬～8月上旬頃になる。

北岳《きただけ》は、まさに自然史が凝縮した特異な山といえよう。

山頂南側の石灰岩地。キタダケソウなど、固有種の宝庫。

山頂部。チャートでできている。

キタダケソウ。世界中で北岳にしか生育しない国宝級の植物。

シコタンソウ。千島《ちしま》の色丹島《しこたんとう》に因む植物。玄武岩《げんぶがん》地に多い。

小太郎尾根。稜線が割れ、二重山稜になっている。

60

南アルプス

赤石岳《あかいしだけ》

南アルプスを代表する雄峰

南アルプス南部では、塩見岳《しおみだけ》(3046.9 m)、荒川三山《あらかわさんざん》(3141 m)、赤石岳 (3120.1 m)、聖岳《ひじりだけ》(3013 m) と、重量感のある山が次々に現れる。いずれも 3000 m 級の高峰だ。ただ、山そのものは魅力的だが、登山には苦労した記憶が多い。一回で全山縦走することはとても無理なので、畑薙《はたなぎ》ダムから入ったり、小渋川《こしぶがわ》から入ったり、光岳《てかりだけ》(2591.1 m) から北上したりと、少しずつ分けざるを得なかった。特に亜高山針葉樹林内の登りは長く、閉口した。

南アルプス南部の山は、いずれも四万十《しまんと》層という堆積岩でできていて、亜高山帯針葉樹林の発達がよく、ところどころに綺麗なお花畑 (高茎草原) が見られる。しかし、悪沢岳《わるさわだけ》(荒川三山の最高峰) の山頂部は、チャートという硬い岩が割れて異様な岩塊斜面

赤石岳。どっしりとした重厚な山容を示す。深く荒々しい侵食谷が山頂部に迫っている。

縞模様。礫地と草原が交互に現れ、縞模様をつくる。

◀崖錐《がいすい》。上部の岩壁から落下してくる岩屑《がんせつ》が堆積してできた斜面。植被がよく発達する。

▼風衝草原。砂岩礫と泥岩の細かい砂礫が混じると安定した表土ができ、草原が成立する。

をつくっているし、塩見岳の山頂近くではチャートと緑色岩《りょくしょくがん》類が岩壁をつくるなど、よく見るとそれぞれ個性がある。そのなかで赤石岳と聖岳は、主に砂岩と泥岩《でいがん》が交互に重なる互層からなり、山容も植生もオーソドックスだ。

　赤石岳は、山頂部の風衝草原が素晴らしい。地形的になだらかな西側斜面を中心に広がるが、植被を欠く砂岩の礫《れき》地と、草原に覆われた部分（泥岩）が見事な縞々をつくっていることもある。これは、稜線《りょうせん》上の地質を反映したもので、縞々の原形は氷期の凍結破砕作用でつくられた。礫地は植物が入りにくいが、泥岩は風化すると泥に戻るため、草原に覆われるようになった。山頂では、遠くの山を見る人が多いが、時には足元の地形や植生にも目を向けてほしい。

61 長野県・山梨県

八《やつ》ヶ《が》岳《たけ》

個性豊かな火山の連なる長大な山並み

八ヶ岳は、最高峰の赤岳《あかだけ》(2899.2 m)を筆頭に、横岳《よこだけ》(2829 m)や縞枯山《しまがれやま》(P.148)など、多くの峰々が連なる山並みである。高さ、長さ、険しさのいずれにおいても、日本アルプスの3つの山脈に、引けを取らない勢いをもっている。

八ヶ岳の山々は、すべて火山だが、形成年代の新旧を反映して侵食の度合いが異なるため、山容には大きな違いがある。

八ヶ岳は、ほぼ中央に位置する夏沢《なつざわ》峠を境界に、「北八ヶ岳」と「南八ヶ岳」に大きく分けられている。

南八ヶ岳は、数十万年を経た古い火山群が連なり、鋭い峰や岩峰などの急峻《きゅうしゅん》な地形が特徴となっている。たとえば、赤岳、阿弥《あみ》陀岳《だだけ》(2805 m)、権現岳《ごんげんだけ》(2715 m)と横岳の南部では、侵食が進み、

横岳から望んだ赤岳。古い火山のため
侵食が進み、険しい山容を示す。

痩せた岩稜《がんりょう》や険しい谷が続く。ハイマツや高山植物も多く見られ、北アルプスの稜線《りょうせん》とほとんど変わらない。ただ横岳の北部に至ると、山容は大きく変化する。赤岳寄りの険しい稜線から一転してなだらかな稜線に変わるのである。特に硫黄岳《いおうだけ》山荘付近は、コマクサやウルップソウの咲くなだらかな火山砂礫《されき》地が広がり、別の山の様相を呈する。

また、網笠山《あみがさやま》(2523.7 m)や西岳《にしだけ》(2398 m)は、溶岩が堆積したままの地形をよく残している。西岳の中腹では、生きた化石ともいうべき希少植物、ヤツガタケトウヒやヒメバラモミを見ることができる。

横岳の北にある硫黄岳(2760 m)は、2～3 万年前に噴火した火山で、北側に向けて巨大な爆裂火口が口を開け、異彩を放っている。

横岳《よこだけ》。赤岳《あかだけ》に近い側は、北アルプス並みの険しい稜線《りょうせん》が続く。

落ち着いた山域の北八ヶ岳《きたやつがたけ》

一方、北八ヶ岳では、天狗岳《てんぐだけ》(2645.8 m)、縞枯山《しまがれやま》、北横岳《きたよこだけ》(2480 m)などがそびえ立つ。噴火の年代が新しいため、火山の原形をよく残す山々が続き、深い亜高山帯針葉樹林のなかには、「白駒池《しらこまのいけ》」、「双子《ふたご》池《いけ》」、「亀甲池《きっこういけ》」、「雨池《あめいけ》」などの、美しい湖沼が点在し、落ち着いたたたずまいを示す。ただ、北八ヶ岳ロープウエーの山頂駅のそばには、「坪庭《つぼにわ》」と呼ばれる溶岩台地が広がる。これは数千年前に噴出した溶岩が固まったもので、溶岩の荒々しさをじかに観察でき、ガンコウランなどの高山植物が生育している。

このほか、北端には独立した火山・蓼科山《たてしなやま》(2530.3 m)もそびえる。別名「諏訪富士《すわふじ》」と呼ばれる、円錐形の美しい山体が特徴だ。

硫黄岳《いおうだけ》爆裂火口。山頂の北側は、大きな爆裂火口になっている。

坪庭。数千年前に噴出した溶岩からなり、ガンコウランやハイマツなどの高山植物が生育している。

コマクサが広く分布する。背後の山は硫黄岳のなだらかな山頂。

コマクサ。主にスコリアの分布地に出現する。

62 長野県

縞枯山《しまがれやま》

縞枯れはなぜ起こるのか

北八ヶ岳《きたやつがたけ》の縞枯山（2403 m）や蓼科山《たてしなやま》（2530.3 m）では、亜高山針葉樹林が帯状に枯れ、斜面上に何列も白い縞ができる「縞枯れ現象」が観察できる。縞枯れは、針葉樹の枯れた帯が山頂部に向かってゆっくりと進んでいく現象である。斜面下方の樹木が枯れると、その上部の森林には日光が入るようになり、風も吹き込むから、土壌が乾燥して、ついに樹木は枯れはじめる。すると、その影響はさらに上の森林に波及し、樹木の枯れる部分は次第に上昇していく。

縞枯れはなぜ、起こるのだろうか。縞枯れは、八ヶ岳《やつがたけ》（P.144）のほかにも、関東《かんとう》山地、志賀高原《しがこうげん》、奥日光《おくにっこう》、南アルプス、紀伊《きい》半島の大峰山《おおみねさん》（P.170）などから報告されていて、必ずしも稀《まれ》な現象

縞枯山の縞枯れ現象。

幼樹。上の木が枯れると林床で我慢していた幼樹がどんどん伸びはじめる。

◀縞枯れ内部。枯れた木は意外に細い。

根の張り方。針葉樹は岩塊斜面の岩をつかむように根を張っている。

というわけではない。これまでの研究では、縞枯れが主に南斜面や南西向き斜面に出現することから、南からの強風に原因を求めることが多かった。しかし、縞枯れの生じている山地を見ると、いずれも針葉樹林の林床が、岩がゴロゴロした岩塊斜面になっているという共通性があり、筆者はそれが原因だと考える。岩塊は、溶岩が冷える時にできたものが多く、直径は数十 cm ～ 1 m 程度に達する。岩塊斜面では、樹木が岩塊を包むように根を張り巡らせる。ところが、伊《い》勢《せ》湾《わん》台風クラスの猛烈な風が吹くと、樹木は風によって大きく揺すぶられ、ついには根が切れてしまう。その結果、1 ～ 2 年のうちに立ち枯れし、さらに時間が経つと倒れてしまう。しかし林床にあった幼樹が生長し、森林はすぐに復活してくるという訳である。

金峰山《きんぷさん》

広大な岩塊斜面とそれを覆うハイマツ

金峰山（2599 m）、瑞牆山《みずがきやま》（P.152）、甲武信ヶ岳《こぶしがたけ》（2475 m）、国《こく》師ヶ岳《しがたけ》（2591.8 m）は、秩父《ちちぶ》山地の主脈を形成する山々である。いずれも花崗岩《かこうがん》やその仲間の閃緑岩《せんりょくがん》からなるが、山容や植生は大きく異なっている。甲武信ヶ岳と国師ヶ岳が、山頂まで亜高山帯針葉樹林に覆われているのに対し、金峰山は山容こそなだらかだが、頂上付近は磊々《らいらい》たる岩塊斜面が広がり、その一部をハイマツが覆っている。一方、瑞牆山は、至るところから岩塔（トア）が突き出し、特異な山容を示す。

このような違いが生じた理由はよくわかっていないが、岩の緻密さや節理（岩盤に生じた割れ目）の多い少ないなど、基盤の花崗岩の性質が関わっている可能性が高い。金峰山の場合、岩塊の大

西方から望んだ金峰山。ピークに五丈岩が見える。

五丈岩。花崗岩からなるトア。

岩塊斜面。花崗岩の塊が累々と堆積している。

岩塊斜面を覆うハイマツ。

きさは約１ｍもある大きなものが多く、氷期の寒冷な気候の下、粗い節理に沿って岩が割れ、生じた粗大な岩塊は斜面上を移動して、岩塊斜面を形成したと思われる。しかし、甲武信ヶ岳と国師ヶ岳の場合、一部には粗大なものもあるが、岩塊は全体に人頭大以下と小ぶりで、それが針葉樹林に覆われる結果をもたらしたらしい。瑞牆山の場合は、節理に沿って岩が割れる代わりに、表面の風化した部分が剥ぎ取られ、内部の未風化な部分がトアとなって突出することになったようである。

金峰山は、てっぺんから突き出した岩峰「五丈岩《ごじょういわ》」で知られているが、この岩は節理が少ない場所に当たっており、基盤の一部が氷期にも割れずに残ったと考えられている。

64

山梨県

瑞牆山《みずがきやま》

小《こ》鑢岩《やすりいわ》。高さ 30 m はある岩峰。
近くに鑢岩がある。

瑞牆山山頂から見た岩場。

瑞牆山全景。大きな岩峰の集合体である。

◀コメツガ林。シラビソなどを混じえないコメツガの純林は極めて珍しい。

シラビソ、オオシラビソを欠く岩峰の山

瑞牆山（2230 m）は金峰山《きんぷさん》（P.150）のすぐ西にある岩山である。金峰山と同様、花崗岩《かこうがん》からなるが、金峰山のような岩が累々と堆積した岩塊斜面はほとんどなく、切り立った岩盤の下に崖錐《がいすい》状に大きな岩が転がっているにすぎない。岩盤に入った節理（岩盤に生じた割れ目）の間隔が粗すぎるために、氷期の寒冷気候の下でも岩盤が破砕されにくかったのであろう。

代わりにこの山で発達がいいのが、「鑢岩《やすりいわ》」のような巨大な岩峰と切り立った岩壁である。鑢岩は高さ 30 m ほどの丸みを帯びた大きな岩峰でよく目立つが、頂上から見下ろすと、直径は 10 m 余りもあり、侵食から取り残された岩体であることがよくわかる。山頂部は岩峰の集中する部分とへこんだ部分が交互に現れ、節理の少ないところが岩峰に、多いところがへこみになっている。

この山でもうひとつ不思議なことは、シラビソ、オオシラビソを欠いていることである。富士見小屋で金峰山への登山道から分かれるが、その後、山頂までシラビソ・オオシラビソを 1 本も見ることができなかった。全体が亜高山針葉樹林に含まれるのに、山頂付近にネズコとゴヨウマツがわずかに生育しているだけで、あとはすべてコメツガの天下である。至るところに岩盤があるせいだろうが、こんな山は見たことがない。

なお、富士見小屋から「桃太郎岩《ももたろういわ》」の手前の沢までは、安山岩《あんざんがん》の礫《れき》が堆積した岩塊斜面になっている。ここもなぜか見事なコメツガだけの森林であった。

65
山梨県
岩殿山《いわとのさん》

礫《れき》岩がつくる不思議な岩山

東京から中央高速道路で西に向かうと、大月《おおつき》 IC の手前で、右手にヤカンのような形の岩山が見えてくる。この山が岩殿山（634 m）である。この山は一見、花崗岩《かこうがん》の岩山に見えるが、実は礫岩でできている。河原でよく見る砂利《じゃり》が、長い時間をかけて固まったものだ。なぜ、こんなところに礫岩があるのだろうか。

伊豆《いず》半島がかつて太平洋に浮かぶ島で、100 万年くらい前に日本列島に衝突したということは、よく知られている。同じように、島であった丹沢《たんざわ》山地（P.102）が関東《かんとう》山地に衝突し、その下に潜り込むということが、600 万年ほど前に起こった。岩殿山をつくる礫岩は、丹沢山地が衝突した時代に、関東山地との間に生じた細長く、浅い海に堆積したものである。そのため礫岩の分布は、大

猿橋溶岩。渓谷をつくる原因となった溶岩層。9000 年前に富士山から流下した。木はケヤキ。

岩殿山の岸壁。

◀岩殿礫岩。浅海に堆積した砂利が固まったものである。

岩殿城跡。大きな岩の隙間にかつての城門があった。

猿橋渓谷。桂川のすぐ下流側には緑色凝灰岩《りょくしょくぎょうかいがん》を削って、渓谷ができている。

月の西から上野原《うえのはら》付近を経て相模湖《さがみこ》の南まで、つまり現在の桂川《かつらがわ》に沿うように延びている。堆積した礫層は、その後、2 つの山地の間に挟まれて強い圧力を受け、固まって礫岩層となった。そして山地の隆起に伴って、現在の高さに押し上げられ、侵食を受けて岩盤が露出したのである。礫岩は硬く、岩壁には割れ目が少ないため、壁が維持されているらしい。

仮に割れ目が生じたとしても、岩壁の表面に平行しているため、岩片はちょうどタマネギの鱗片葉《りんぺんよう》が剥がれるように、厚さ数十 cm ずつ欠け落ちることになる。小さな岩山だが、そう簡単になくなることはなさそうだ。近くの猿橋《さるはし》と猿橋渓谷もお勧めだ。富士山の溶岩は迫力がある。

66
山梨県・静岡県

富士山《ふじさん》

側火山の噴火と植生

日本の最高峰であり、体積でも日本一を誇る富士山(3775.6 m)。典型的な円錐形の成層火山で、その優美な姿から多くの人々に愛され、和歌にも詠まれてきた。2013 年には世界文化遺産にも登録された。

富士山は、東北地方などの火山とは異なり、山全体がすべて火山岩で構成されている。現在の火山体は新富士火山だが、その下に古富士火山と小《こ》御《み》岳《たけ》火山が埋もれており、最近その下に、さらに先小御岳火山があることが明らかになった。

お中道の植生を見る

富士山には、青《あお》木《き》ヶ《が》原《はら》や麓の湧水群など見るべきところは多いが、自然観察をするならば 5 合目付近がお勧めである。

御庭《おにわ》付近から見上げた山頂部。右手ほど森林が上がっている。右手前の黒い部分は割れ目噴火で噴出した溶岩。

富士山は、2200 年前の大きな噴火によって火道が詰まり、山頂からの噴火ができなくなった。このため、それ以降は、側火山からの噴火がもっぱらとなった。側火山は、北西斜面と南東斜面に集中し、最大の側火山が 1707 年に噴火した宝永山《ほうえいざん》(2693 m)である。

宝永山の大きな火口は 3 つに分かれる。このうち、第一火口に入る水平道をたどると、途中にイワオウギやミネヤナギ、コタヌキランなどが密生している一角がある。ほかの大部分は、オンタデとイタドリしか分布しない砂礫《されき》地になっているため、不思議に思って調べたところ、この一角は宝永噴火の際、落下したスコリアが溶結してそのままの形で残ったところで、表層地質が安定しているため、低木群落まで発達したことがわかった。一方、上部からの落石や雪

宝永火口。噴火後 300 年経つが植被に乏しい、荒々しい景観が広がる。写真は第一火口。

崩の影響を受けるところは、土壌が不安定なため、オンタデやイタドリしか生育できないまま、群落が持続している。

宝永山《ほうえいざん》のちょうど反対側に位置する「御庭《おにわ》」、「奥庭《おくにわ》」付近では、側火山の噴火の時代の違いを反映した森林が見られる。奥庭のバス停付近から、少し上がった辺りまで、偏形樹を含むコメツガの林が優占するが、これは 1100 年くらい前に噴火した場所である。

一方、これよりさらに上に登ると、景色が急に開けて、カラマツの極端に変形した低木ばかりになる。ここは、610 年ほど前の噴火で、スコリアがまき散らされたところだ。噴火の年代を考えながら、森を観察していくと、さまざまことがわかって面白い。

御庭付近の割れ目噴火の跡。600 年ほど前に噴火したところだが、まだ植被は乏しい。樹木はカラマツ。

イワオウギ群落。この一角だけ密生した草原になっている。

大沢《おおさわ》崩れ。侵食が進み両側の壁面には溶岩の層が見える。

コメツガ林。幼木の時代に、強風の影響を受けたため変形が著しい。

偏形樹。300 歳くらいのカラマツ。幼時の強風のため、地面をはうような形になった。

67

静岡県

天《あま》城《ぎ》山《さん》

ブナ。天城山にはこのような大木から幼樹までがそろっている。

皮子平溶岩。溶岩流の末端（左）からは地下水が激しく流れ出し、ワサビの栽培に利用されている。

八丁池。万三郎岳と天城峠の中間にある池。落ち着いたたたずまいである。

古い火山に生じたブナの美林

天城山は、伊豆《いず》半島の中央部にそびえる山並みで、伊豆半島の最高峰である万三郎岳《ばんざぶろうだけ》（1405.3 m）や万二郎岳《ばんじろうだけ》（1299 m）など、いくつかのピークからなる。

伊豆半島は、もともと海底火山の堆積物を主体とする島だったが、本州に衝突して以降、火山活動が活発化し、天城火山や達磨火山《だるまかざん》ができた。しかし、この火山活動は 20 万前には終了し、山は侵食にさらされるようになった。その結果が現在の山並みである。15 万年前から活動の中心は東伊豆単成火山群に移るが、3200 年前、突然、天城山系の「皮子平《かわごだいら》」で溶岩が流れ出す。この溶岩流を「皮子平溶岩流」と呼ぶ。

この山の見どころは、何といってもブナ林である。万二郎岳や万三郎岳から西の「八丁池《はっちょういけ》」を通って天城峠付近まで、見事なブナ林が続いている。ブナ林は、ヒメシャラやケヤキ、カエデ類などを交える美しい林である。一般に太平洋側の山地に分布するブナ林は、大径木ばかりが多く、跡を継ぐ若木が育っていないことが知られており、現在よりも寒冷で、冬場に積雪の多かった小氷期に成立した、レリック的な森林ではないかと考えられるようになっている。しかし、天城山のブナ林だけは、もっとも太平洋側に位置しながら、跡継ぎの若木がちゃんと育ち、太平洋側としてはいわば例外的な森林となっている。伊豆半島は、予想以上に雪が多い地域として有名であり、ブナの芽生えが積雪に保護され、それが若木に育っているのだと考えられる。

68

長野県・岐阜県

乗鞍岳《のりくらだけ》

富士山《ふじさん》、御嶽山《おんたけさん》に次ぐ火山

乗鞍岳は、5つの火山体と20を越すピークからなる大型火山である。もっとも新しい火山は、剣ヶ峰《けんがみね》(3025.6 m)を中心とする乗鞍本峰で、火口湖「権現池《ごんげんいけ》」を取り巻くように3000 m前後の峰が並ぶ。ここでは、1万年ほど前の火山活動により礫《れき》地や崩壊地ができ、そこにコメススキやイワツメクサ、イワスゲが生育する。見事な条線土も見られ、そこにはコマクサやタカネスミレが分布する。一方、溶岩が流れてできた「位ヶ原《くらいがはら》」の緩斜地は、広大なハイマツの海となっている。

本峰の前に活動した火山が摩利支天《まりしてん》火山だ。「不消ヶ池《きえずがいけ》」はその火口湖で、周囲を摩利支天岳(2872 m)などいくつかの峰が囲む。火山礫地はほとんど見られなくなり、気候条件に対応した植

畳平《たたみだいら》。池は火口の鶴ヶ池。左手のピークは摩利支天岳。

不消ヶ池。火口湖に雪が残る。奥はカール状の窪《くぼ》みになっている。

剣ヶ峰付近。新しい火山であるため、植物が乏しい。

◀イワスゲ群落。剣ヶ峰付近の不安定な斜面に分布する。

物群落が分布する。冬でも雪のつかない強風地には、コメバツガザクラやミネズオウなどの矮性《わいせい》低木とチシマギキョウなどの草本が見られる。風背側では、融雪後、乾燥してしまうところにアオノツガザクラ、チングルマが分布し、湿った環境に保たれやすいところでは、ハクサンイチゲ、クロユリなどが現れる。さらに多湿な環境では、ショウジョウスゲやイワイチョウを主とする湿性草原が発達する。摩利支天岳は、ほとんどがハイマツに覆われ、ところどころに大きなフランスパンそっくりの火山弾が落ちている。

　これより古いのは、北方の鶴ヶ池《つるがいけ》火山で、中央火口丘に生じた火口湖が「亀ヶ池《かめがいけ》」だ。日本最初の亀甲土発見地として有名だが、土砂が流入して亀甲土はほとんどわからなくなってしまった。

69

長野県・岐阜県

御嶽山《おんたけさん》

信仰の山に見られる小噴火の痕跡

御嶽山は、約 10 万年前に大爆発を起こし、山体上部は陥没して、カルデラが生じた。その後、カルデラ内に新しい火山が成長しはじめ、4 万 2000 年前には、最高峰の剣ヶ峰《けんがみね》(3067 m)から継《まま》子岳《こだけ》(2858.9 m)に至る、現在の山頂部ができた。御嶽山にある 5 つの火口湖のうち「一ノ池《いちのいけ》」、「二ノ池」などは噴火口で、「三ノ池」は 2 万年前に生まれている。火山活動はこれで終了したが、1979 年、2 万年ぶりに爆発し、直後の 1984 年には、直下地震が起こって大きな山体崩壊も発生した。

しかし御嶽山は、記録にない小噴火の影響が植生に明瞭に表れているのが特色である。たとえば、王滝頂上《おうたきちょうじょう》(2936 m)の直下にはオンタデ、イワツメクサ、コメススキといった先駆植物からな

御嶽山山頂部。左手奥が剣ヶ峰、右側に延びる尾根は摩利支天山。手前の平地は賽《さい》の河原。

▲三ノ池。2万年前の火口に水が溜まったもの。

◀ 1979 年の火口。まだ噴煙を上げている。

オンダテ群落。もっぱら先駆植物のみからなる。

コマクサが生育する砂礫《されき》地。

る群落がある。ここには、拳大から直径数十 cm の火山礫《れき》がゴロゴロしている。これは、王滝頂上の直下で起こった小噴火によってもたらされたもので、植生から考えると、数百年以内に噴火が起こったと推定できる。王滝頂上から剣ヶ峰までは、強風と 1979 年の爆発の影響で植物は乏しいが、剣ヶ峰を越えると、遷移のより進んだイワスゲ、ガンコウラン、アオノツガザクラなどの群落が現れ、そこでも小噴火があったことがわかる。また摩利支天山《まりしてんざん》（2959.2 m）の東方には、比高 30 m ほどの尾根が続き、その尾根に近いなだらかな斜面は直径数 cm の薄茶色のスコリアに覆われ、そこにコマクサが生育する。スコリアの分布はごく狭い範囲なので、その付近で小さな爆発があり、周囲にスコリアをまき散らした可能性が高い。

70 石川県・岐阜県

白山《はくさん》

多彩な高山植物を擁する新しい火山

白山は、古くからの山岳信仰の山である。2702.2 m の標高は、富士山《ふじさん》（P.156）、日本アルプス、八ヶ岳《やつがだけ》（P.144）に次いでいる。高山植物の宝庫としても知られ、ハクサンイチゲ、ハクサンフウロなど、白山の名を冠する植物は十数種もある。

白山では、11 世紀から火山活動が活発化し、噴火記録は 1042 年までさかのぼる。この時の噴火でできた火口が、「翠ヶ池《みどりがいけ》」と「千蛇ヶ池《せんじゃがいけ》」だと考えられている。その後、1547 年からさらに活性化し、1659 年まで 10 回余りにわたる噴火記録がある。室堂《むろどう》から最高峰・御前峰《ごぜんがみね》を見上げると、山頂部の左半分が白く、そこだけ植物が欠けて見える。これまでの研究では、冬の強風が原因だとされてきたが、実は「紺屋ヶ池《こんやがいけ》」からの火砕流がこの部分を通

室堂から御前峰を望む。左側の肩の部分に無植生地が見える。

大汝山《おおなんじやま》。手前には火口湖がいくつもある。

登山道沿いにある溶岩の塊。

観光新道沿いのお花畑。イブキトラノオやタカネナデシコが生育する。

過したためで、現場には火山灰や火山礫《れき》が散乱し、植物はまだ見られない。しかし、少し降りるとコメススキが現れ、次いでイワツメクサやイワスゲが加わり、周辺部ほど植物が増加する。

白山の最大の不思議は、火山なのに溶岩の占める部分はごく少なく、山体のほとんどが手取層《てどりそう》という堆積岩からなることである。手取層は中生代のジュラ紀から白亜紀にかけて堆積した地層で、恐竜の化石が出ることでよく知られている。登山ルートの観光新道が手取層地域にあり、途中でハクサンボウフウやイブキトラノオなどの美しいお花畑に出会う。これは、手取層の泥岩《でいがん》が風化して泥に戻り、それに砂岩《さがん》や礫《れき》岩の礫が適度に混じり合って、植物の生育に適した土壌ができたためだと考えられる。

71 滋賀県・岐阜県

伊《い》吹《ぶき》山《やま》

江戸時代から知られる植物の宝庫

伊吹山(1377.3 m)は、植物の種類の多い山として江戸時代から知られ、明治時代以降も多くの植物研究者が調査に入っている。伊吹山の名を冠する植物は、イブキジャコウソウ、イブキトラノオ、イブキボウフウなど、18 種ほどに上り、山頂の草原植物群落は、国の天然記念物に指定されている。また、イブキという木もある。別名ビャクシンといい、海岸の険しい岩場に分布することが多い。公園でよく見かけるカイヅカイブキという木は、イブキの栽培種である。

なぜ、伊吹山ではこんなに豊富な種類の植物が見られるのだろうか。山体の上半分が石灰岩《せっかいがん》、下半分が堆積岩でできているという、地質が関係していることは、まず間違いない。石灰岩は、風

東海道新幹線から望む伊吹山。関ヶ原《せきがはら》のすぐ西側にそびえている。

山頂部に広がる草原。火入れをしてきた可能性もある。植物の種類が多い。

イブキジャコウソウなどからなる草原。石灰岩地に広がる。

◀石灰岩。草原のところどころに顔を出している。

化しにくく土壌ができにくい。このため、石灰岩地は森林よりも草原や藪《やぶ》になりやすい。また、岩石の化学成分の影響を受け、珍しい植物が分布しやすい。実際に伊吹山の山頂部も草原になっていて、珍しい植物が多い。

ただ、筆者はこれに加えて、若狭湾《わかさわん》と琵琶湖《びわこ》、伊勢湾《いせわん》を結ぶ線が、日本列島の隘路《あいろ》になっていることも重要だと考えている。氷期、間氷期といった大きな気候変動があった際、伊吹山地や、その南に続く鈴鹿《すずか》山脈が、動植物にとって通過せざるを得ない通路になる。おそらくその過程で、残存した動植物があったのだろう。鈴鹿山脈の霊仙山《りょうぜんざん》(1094 m) や藤原岳《ふじわらだけ》(1144 m) も植物の宝庫として知られているが、伊吹山と同じく石灰岩の山であるということが共通している。

72

奈良県

大《おお》峰《みね》山《さん》

大峰山脈。深い谷をもつ山並みが続く。

修験者の座像。

美しい渓流。花崗岩の大きな岩の間を澄んだ水が流れている。

◀シラビソの縞枯れ。

厳しい修行の場となった急峻《きゅうしゅん》な山岳地域

大峰山は、紀伊《きい》山地の中央部にある山岳地域で、山上ヶ岳《さんじょうがたけ》(1719.3 m)、八経ヶ岳《はっきょうがたけ》(1915.1 m)、釈迦ヶ岳《しゃかがたけ》(1800 m)などからなる山並みの総称である。最高峰の八経ヶ岳は、近畿地方の最高峰でもある。古くから修験道の山として知られ、稜線《りょうせん》伝いの道は、吉野《よしの》と熊野《くまの》を結ぶ修験道の「奥駈道《おくがけみち》」としてよく知られている。山上ヶ岳は、いまだに女人禁制を守っている。

大峰山脈の山々を見ると、川の侵食から免れた部分が山であることを実感する。標高こそ 2000 m に満たないが、花崗岩《かこうがん》からなる中腹以下は、岩盤がうがたれて深い峡谷となり、断崖絶壁が連続する急峻な山容を示す。その多くが、かつて修験者たちの厳しい修行の場となった。

仏教の聖地だったおかげで、この山は原植生がよく残されている。八経ヶ岳では、登山道の途中にブナ、ミズナラの林があり、ヒメシャラも目立つ。稜線に出てもブナ、ミズナラの林が続くが、岩のゴロゴロしたところにはウラジロモミが分布し、トウヒが次第に目立つようになる。標高 1700 m 付近から上はトウヒ、シラビソの林に変わる。亜高山針葉樹林に入るわけだが、本来の標高より 200 m くらい低く見える。ここでは、縞枯れ現象も生じていて面白いが、いずれの現象にも、岩塊斜面の存在が効いている可能性が高い。極端に風の強い場所では、針葉樹林の代わりにオオイタヤメイゲツやハウチワカエデなど、本来ならブナ帯に現れるカエデ類が生育する。垂直分布帯の逆転ともいえる不思議な分布である。

大江山《おおえやま》

かんらん岩の山に育つスギの巨木

大江山（832.5 m）は、小式部内侍《こしきぶのないし》が詠んだ「大江山いく野の道の遠ければ　まだ文も見ず天《あま》の橋立《はしだて》」の和歌と、伝説の鬼の統領・酒呑童子《しゅてんどうじ》で知られる山で、山の至るところに鬼の人形が置いてある。

一方、地質学の分野では近年、4 億 5000 万年も前のかんらん岩という、特殊な地質からなることで、注目されるようになった。大江山の前山《まえやま》に当たる杉山《すぎやま》（697 m）を訪れると、林道に入ってすぐ、道路沿いに硬いかんらん岩の岩盤が現れる。大きな節理（岩盤に生じた割れ目）が何本も入っており、開いた節理に沿って雨水が浸透してしまうため、侵食が進まず、谷ができにくい。このため、全体にのっぺりした地形になっている。この地質と地形の

大江山の基盤となっているかんらん岩。採石場になっている。

遠望した杉山。

杉山のスギ。かんらん岩の基盤の上に巨木が点在している。

かんらん岩の岩体。大きな割れ目が入っている。

ブナ林。大江山山頂付近に分布している。

鬼を祀った鬼嶽《おにたけ》稲荷神社。大江山の山頂近くにある。

対応は、極めてはっきりしていて、地形図上でも、かんらん岩の分布範囲を読み取ることができるほどである。

杉山には、名前の通り、スギの巨木が点在している。高さ２～３ｍくらいのところで何度も伐採されたため、いわゆる〝あがりこ〟の様相を呈し、奇怪な形になったものが多い。林内の湿度が高いために、幹を伐採しても、残った株から萌芽《ほうが》し、それが大木に育つらしい。

続いて、大江山の山頂に回る。ここもかんらん岩のはずだが、立派なブナ林があり、深い谷も入っている。不思議に思って地質を調べたところ、かんらん岩ではなく、砂岩《さがん》であることがわかった。そのため、山頂部ではブナ林が成立したようである。

74
兵庫県
六甲山《ろっこうさん》

ロッククライミング発祥の地

神戸市《こうべし》の背後にそびえる六甲山地の最高峰、六甲山（931.3 m）。標高は高くはないが、50 万年ほど前から隆起をはじめた新しい山地のため、山麓から山腹にかけて何本も逆断層が走り、予想外に急峻《きゅうしゅん》である。山麓からの標高差は 900 m に達し、急な登りが続くから、けっこうきつい。ただ、谷筋のところどころに現れる滝が、一服の涼を与えてくれる。

六甲山は、地下でできた花崗岩《かこうがん》が隆起によって地上に露出したもので、風化した花崗岩や岩盤が谷筋や稜線《りょうせん》沿いに現れ、「ロックガーデン」と呼ぶ岩場をつくっている。このロックガーデンは、1924 年にヨーロッパから帰国した藤木九三《ふじきくぞう》が、日本で初めてロッククライミングをはじめたところで、ロッククライミング発祥の

六甲山。花崗岩の基盤がところどころ露出している。

風吹岩《かざふきいわ》。稜線上に突然現れる。

山頂部の松林。

ロックガーデンの一部となった岩場。

地として知られている。

植生は、コナラやクヌギ、アラカシといった広葉樹の林が卓越し、なだらかな山頂部はアカマツの見事な林になっている。しかし江戸時代は過剰な伐採によってほとんど禿山《はげやま》と化していたという。その状態は明治に入っても続いていたが、山から下る急な川沿いで水害が相次いだため、当時の内務省が緑化・砂防事業に取り組み、ようやく現在の緑の山になった。

山頂部からの展望は抜群で、神戸の市街地や港がよく見えるほか、瀬戸内海《せとないかい》や淡路島《あわじしま》、遠く大阪の市街地も望むことができる。六甲山地の西部にそびえる摩耶山《まやさん》(702 m)からの夜景は、日本三大夜景のひとつに数えられている。

75

兵庫県

神鍋山《かんなべやま》

いくつもの滝をつくり出した溶岩流

神鍋山（469 m）は、「氷《ひょう》ノ《の》山《せん》後山《うしろやま》那《な》岐《ぎ》山《さん》国定公園」の一角に当たり、スキー場としても知られる小火山で、世界ジオパークに認定された「山陰海岸《さんいんかいがん》ジオパーク」のなかでも、重要な拠点となっている。比高 120 m、長径 700 m という小さい丘程度の高まりだが、神鍋単成火山群の代表として火山学者にはよく知られている。

単成火山とは、一度の噴火で形成された火山で、神鍋山付近には、新旧あわせて 7 つの単成火山がある。鳥取県から京都府にかけては、ほかにも扇《おうぎ》ノ《の》山《せん》（P.178）単成火山群や玄武洞《げんぶどう》単成火山群など、全部で 40 余りの玄武岩《げんぶがん》質の単成火山があり、300 万年ほど前から、あちこちで単発的に誕生したことが明らかになっている。

スコリアなどの堆積状況がわかる露頭。

火口。浅い窪《くぼ》みで草原になっている。

露出した溶岩流の表面。水流の侵食により溶岩流の表面が出ている。

一ツ滝。溶岩流を川が削り込んだために生じた最上流にある滝。

◀溶岩流に生えたケヤキ。溶岩からなる川沿いの崖にケヤキが生育している。

神鍋山は、1万年前（もしくは2万年前）の火山活動でできたとされるスコリア丘で、山頂の火口から大量のスコリアと火山弾を噴出した。堆積したスコリアは南麓の露頭で見ることができる。スコリアに続いて、玄武岩溶岩が流れ出た。溶岩流は数 m の厚さで繰り返し流れ、谷を埋めたため、厚さは総計で数十 m、延長は 15 km に達する。溶岩流の上を稲葉川《いなばがわ》が削り込んだため、各地に滝ができ、上流から「一《ひと》ツ滝《だき》」、「二《ふた》ツ滝《だき》」、「俵滝《たわらだき》」、「八反《はったん》の滝《たき》」、「十戸滝《じゅうごのたき》」と並ぶ。滝の上下には、溶岩流の侵食地形が見られるほか、川岸にはケヤキの大木が並び、特異な植生景観を示している。また、十戸滝付近は湧水地帯となっていて、大量の水があり、ニジマスの養殖や酒造に利用されている。

76

兵庫県・鳥取県

氷《ひょう》ノ《の》山《せん》　扇《おうぎ》ノ《の》山《せん》

雨滝。日本の滝百選に選ばれた見事な滝。700 mほど先に筥滝《はこだき》がある。滝をつくるのは扇ノ山の溶岩層。

猿尾滝。百選の滝のひとつ。二段に分かれているが水量が多く、迫力十分である。

▲古生沼湿原。西日本では珍しい高層湿原。周りはスギ林。

◀スギの大木。水はけの悪い平坦地に生育している。

滝と雲霧林のある高峰

中国地方では大山《だいせん》(P.180)に次ぐ高峰、氷ノ山(1509.6 m)。氷ノ山のすぐ北には、扇ノ山(1309.9 m)や鉢伏山《はちぶせやま》(1221 m)がそびえ、南には後山《うしろやま》(1344.6 m)、那岐山《なぎさん》(1255 m)などがあって、中国《ちゅうごく》山地でもっとも高い部分となっている。この一帯は、ブナの原生林や、見事な峡谷と滝で知られ、「氷ノ山《ひょうのせん》後山《うしろやま》那岐山《なぎさん》国定公園」を構成している。なかでも「雨滝《あめだき》」、「猿尾滝《さるおだき》」、「天滝《てんだき》」、「不動滝《ふどうたき》」は、日本の滝百選に選ばれている美しい滝だ。百選の滝が4つもあることに驚かされる。

兵庫県側にある大段ヶ平《おおだんがなる》から氷ノ山へ向かう登山道は、なだらかで歩きやすく、両側には立派なブナ林が続き、珍しいウダイカンバもたくさん見られる。標高1340 m付近からは、スギの巨木が人目を引く。このスギ林は「千本杉《せんぼんずぎ》」と呼ばれ、幹や枝が極端に変形していて、兵庫県の天然記念物になっている。この森は、雲霧帯に成立した森だと考えられるが、ここではさらに、〝ほぼ平坦な地形〟という条件に適したようだ。氷ノ山の山頂部は、200万年ほど前に、隆起準平原を覆って流れた溶岩の層が何枚も重なってできており、階段状の地形をつくる。平坦な部分では、水はけが悪いため、スギ林ができたと考えられる。

また、地表にはミズゴケが目立つ。山頂の近くにも平坦地があり、そこには「古生沼《こせぬま》」という高層湿原があって、ミズゴケ、アカミノイヌツゲ、ヌマガヤなどが生育し、「西日本唯一の高地性湿原」という看板が立っている。この湿原の周辺にもスギ林があり、「古千本《こせんぼん》」と呼ばれている。

77 鳥取県

大山《だいせん》

見事なブナ林とダイセンキャラボクの低木林

中国地方の最高峰、大山（1729 m）。海に面した独立峰でもあるため、古くから山岳信仰の対象となり、修験道の行場として繁栄したこともある。現在でも登山者の多くは、大山寺を基点として、かつての行者がたどった道を登って行く。

大山は、西から見ると「伯耆富士《ほうきふじ》」という名にふさわしい秀麗な姿だが、南北から見ると、屏風《びょうぶ》のように切り立った山々が崩壊を繰り返す、荒々しい相貌を示す。こうした荒々しさは、山が 2 万年ほど前の火山活動でできたという、地質的な新しさに加え、日本海から受ける冬の気候の厳しさがもたらしたと考えられている。そのため、中腹にはブナ林があるものの、亜高山針葉樹林は欠除しており、代わりにダイセンキャラボクの低木林が、山頂近

大山の南面。西から見た大山は富士山型だが、南面は一転して岩壁が続く。

崩壊地。山頂部は至るところ崩壊地になっている。

ブナ林。

ダイセンキャラボク。

くの斜面を広く覆っている。

大山のブナ林は、西日本ではもっとも立派なものである。一抱えもあるブナの大木が中腹を広く覆い、野鳥も多い。林内には、クロモジが目立ち、ここのブナ林の特色となっている。一方、ササ類は少なく、東北地方のブナ林を見慣れている人は、驚くかもしれない。ダイセンキャラボクは、国の特別天然記念物に指定されている。多雪と強風という環境の下で、独自の進化を遂げたものらしい。かつては固有種とされていたが、近年ではキャラボクの変種だとされるようになった。高さ３ｍくらいで、見た目はハイマツに似ている。

山頂からは、弓ヶ浜《ゆいがはま》の砂州がよく見え、出雲《いずも》地方に伝わる国引き神話を彷彿させてくれる。

78
島根県

大満寺山《だいまんじやま》

日本最古の岩と謎に満ちた植物分布

隠岐《おき》の東部にある丸い島を「島後《どうご》」と呼ぶ。島後の中央からやや東に寄ったところに大満寺山（607.7 m）がある。基盤は、飛騨《ひだ》帯と並ぶ日本最古の岩石である隠岐片麻岩《へんまがん》で、日本列島が大陸から分離して現在の位置に移動をはじめた時に、日本海の途中に取り残された大陸のかけらである。

大満寺山の植物は、地元の研究者・八幡浩二《やわたこうじ》氏によると、謎に満ちていて系統性がつかめないという。低い山だから、気候条件からいえば全域が照葉樹林帯に含まれるのだが、照葉樹林が優勢なのは南斜面のみで、そこにはヒメコマツ、ネズコ、オオイワカガミといった寒冷地を好む植物が混生する。北斜面にはサワグルミ、カツラ、イタヤカエデなどのブナ帯の要素が分布し、西斜面

大満寺山。平凡に見えるが、謎に満ちた山である。

乳房杉。異様な迫力を感じさせる。

岩壁に生えたネズコ。

◀オキシャクナゲ。盗掘で一時、絶滅が危惧されたが、ようやくもち直した。

リョウメンシダの群落。スギの天然林の湿った林床を覆う。

ではモミ林が優勢になっている。山頂の北側には、岩塊斜面があって風穴をつくり、そこにはスギの巨木「乳房杉《ちちすぎ》」が見られるほか、オシダが大群落をつくる。また、大満寺山の北の肩には、玄武岩《げんぶがん》が露出した岩峰・鷲ヶ峰《わしがみね》(560 m)があり、そこへ至る痩せ尾根では、ヤブツバキが優勢である。これに、ネズコやキタゴヨウといった北方系の針葉樹が混じり、林床には、オキシャクナゲが分布する。鷲ヶ峰の北斜面には、スギの天然林があって巨木が林立し、林床にはリョウメンシダやジュウモンジシダが大群落をつくる。

洋上に浮かぶ島で、中腹に雲霧帯ができること、氷期の影響が強く、ブナやカシ類という優勢な樹種を欠くことが、このような不思議な分布をもたらしたようだが、謎は深まるばかりである。

79

島根県

三瓶山《さんべさん》

優雅な姿に隠された荒々しい火山活動の痕跡

三瓶山は、島根県中部、出雲《いずも》と石見《いわみ》の国境にそびえる火山で、大山《だいせん》(P.180)や青野山《あおのやま》(907.6 m)と共に、西日本火山帯の一部を構成する。男三瓶山《おさんべさん》(1125.9 m)、女《め》三瓶山(953 m)、子《こ》三瓶山(961 m)、孫《まご》三瓶山(903 m)という、丸みを帯びた4つの山が円をつくるように並ぶ、のどかな風景が魅力的だ。円の中心部は、低地になっており、その底に「室内池《むろのうちいけ》」がある。ただ、現在の景色に似合わず、この山の歴史は意外に荒々しい。

4つの山は、いずれも粘性の高いデイサイト質のマグマが固まった溶岩ドームで、その形成は、縄文時代の3700年前と新しい。この時の噴火では、膨れ上がった溶岩ドームが崩壊して土石流を起こし、続いて火砕流が発生して、当時存在したスギの巨木

男三瓶山。三瓶山の主峰である溶岩ドーム。

火砕流堆積物。下の層が「三瓶大田軽石流」。上にスコリアなどの新しい噴出物が載る。

発掘されたスギの巨木の根元。自然館に保存されている。

浮布池。男三瓶山の山体崩壊によるせき止め湖。

林を埋めた。スギは 10 年ほど前、圃場《ほじょう》整備の際に発見され、その後、発掘されて山麓の「三瓶小豆原《さんべあずきはら》埋没林公園」や「三瓶自然館サヒメル」に保存されている。その大きさに、驚かない人はめったにいないだろう。

三瓶山は 10 万年前に大きな噴火をし、その時噴出した火山灰は、遠く東北地方でも発見されている。また、7 万年前の大噴火で直径 6 km に達するカルデラができた。この時の噴火では「三瓶大田軽石《さんべおおだかるいし》流《りゅう》」と呼ばれる大規模な火砕流が発生し、その堆積物を大田市《おおだし》周辺で見ることができる。現在、4 つの溶岩ドームを囲むように、広い火山麓扇状地が広がっており、さらにその外側を丘陵地が取り囲む。この丘陵地こそが、当時のカルデラの縁にあたる外輪山である。

80

山口県

阿武単成火山群《あぶたんせいかざんぐん》

40を超える小型火山の集合体

山口県萩《はぎ》市の北側、北長門《きたながと》海岸の沿海部から内陸にかけて、合わせて40を超えようかという、小さい火山の密集地域がある。これを阿武単成火山群と呼ぶ。

この火山群は、火山学者と地元の人以外、おそらく誰も知らない。中国地方の火山といえば、大山《だいせん》(P.180) しか思いつかないのが普通だからだ。三瓶山《さんべさん》(P.184) と神鍋山《かんなべやま》(P.176) まで出てくればかなりの火山通だが、実は島根県の西端に当たる津和野《つわの》の町の背後に青野山《あおのやま》(907.6 m) という火山があり、阿武火山群はその西側にある。つまり、大山、三瓶山に続く火山フロントが、ここまで延びているということになる。

阿武単成火山群の多くは、小さな玄武岩《げんぶがん》質の溶岩台地で、直径

萩六島《はぎろくとう》。平らな火山島がいくつも並び、壮観である。

笠山。平坦な溶岩平頂丘を貫いてスコリアが噴出したため、市女笠《いちめがさ》のような形になった。

笠山の噴火口。火口壁に赤いスコリアが何層も堆積している。

◀羽島。典型的な溶岩平頂丘。

数百 m、高さ 100 m 程度の平坦な台地をつくる。また、安山岩《あんざんがん》ないし、デイサイト質の溶岩の場合は、溶岩台地とよく似た溶岩平頂丘をつくる。平らな溶岩平頂丘の島が、海上にいくつも並ぶ様子は壮観である。

阿武火山群にはスコリア丘も 15 ほどあり、平らな火山が多いなかで、おむすび型の山体が目立っている。萩市の北に位置する笠山《かさやま》（112.2 m）は、もともと平らな溶岩平頂丘だったが、島の中心を貫いて噴火が起こり、平頂丘の上にスコリア丘が載って、現在の山容になった。山頂には直径 30 m くらいの火口があり、噴出したスコリアを観察することができる。基盤の溶岩が流れたところは、椿園になっているが、溶岩のつくる地形もよく観察できる。

81

愛媛県

石鎚山《いしづちさん》

弥山《みせん》（1972 m）から見た山頂部に当たる天狗岳。

渓谷。花崗岩を切り込む清流は美しい。

▲手前の黒い森はシコシクラベ林。日本の南限に当たる、亜高山針葉樹林。

◀岩場。溶岩の硬い部分が侵食から免れて岩場となった。

険しい岩場をつくる1500万年前の安山岩《あんざんがん》

四国の中央には四国山地が背骨のように延びるが、石鎚山（1982 m）は、その中央部を占める石鎚山地の主峰で、西日本の最高峰でもある。近隣には、瓶ヶ森《かめがもり》（1896.2 m）や笹ヶ峰《ささがみね》（1859.5 m）など、高い山が多い。石鎚山は、山頂部に天狗岳《てんぐだけ》などの険しい岩場があることから、古くから山岳信仰の対象として、また修験道の修行の場として著名だった。

この岩場をつくるのは、1500万年ほど前の安山岩や溶結凝灰岩《ようけつぎょうかいがん》で、当時この周辺にあった火山から流出したものである。四国や紀伊《きい》半島には、現在火山はないが、当時は火山フロントが通り、石鎚山や屋島《やしま》、熊野《くまの》地方などで火山活動が起こっていた。また、石鎚山の南にある「面河渓《おもごけい》」には、花崗岩《かこうがん》が貫入している。現在は、侵食が進んで火山の地形はなくなり、溶岩の硬い部分だけが岩場となって残っている。四国の地質は、ほとんどが四万十帯《しまんとたい》などの堆積岩や変成岩でできていて、火成岩は珍しい。

石鎚山は、植生にも特色がある。中腹にある成就社《じょうじゅしゃ》からの参道沿いや、面河渓からの登山道沿いには、四国有数のブナ林があり、サルスベリに似た樹皮をもつヒメシャラを多数含む。また、ウラジロモミ、ツガ、モミといった針葉樹が、ブナやミズナラと一緒に生育しているのも、この山の特色である。ウラジロモミやツガが優占する森もある。標高1700～1800 mくらいの高所にあるシコクシラベの森は、日本最南の亜高山針葉樹林に当たり、九州にはない。山頂部の岩場には、ミヤマダイコンソウやイワカガミなど亜高山帯の植物が姿を見せる。

82
福岡県

英彦山《ひこさん》

珍しいビュートの地形

英彦山（1199.6 m）は、多くの岩山からなり、古くから修験道の山として知られてきた。耶馬渓《やばけい》と共に、「耶馬日田英彦山国定公園《やばひたひこさん》」を代表する観光地となっている。

英彦山の特色は、至るところに断崖や岩峰、石柱がそびえることで、山水画を見ているようである。その原因はこの山の地質にある。新第三紀の末から第四紀のはじめにかけて、この一帯は海底にあった。しかし、100 万年程前、海底火山の噴火があり、安《あん》山岩《ざんがん》の溶岩や凝灰角礫岩《ぎょうかいかくれきがん》、溶結凝灰岩《ようけつぎょうかいがん》が次々に重なって数百mに達する地層をつくった。その後、一帯は隆起して侵食が進むが、凝灰角礫岩、溶結凝灰岩層が相対的に軟らかく、侵食されやすいのに、溶岩層は硬く、キャップロックとなって残り、日本では珍

一ノ岳のビュート。白く見える崖より上がキャップロックとなった硬い溶岩層。

▲岩壁。至るところにある。イワタバコやイワガラミなどが生育している。

◀石柱。大木のように見えるが岩の柱である。

岩場のヒノキ林。

しいビュートの地形をつくった。英彦山系・鷹《たか》ノ《の》巣《す》山《やま》(979.3 m) の「一《いち》ノ《の》岳《たけ》」のビュートは、国の天然記念物に指定されている。

険しい地形を反映して、植物分布にも特色がある。岩場には、ヒノキやモミ、ツガ、ヒメコマツ、アカマツといった針葉樹が分布し、沢筋には、シオジやカエデ類、シダ類が見られる。岩壁の凸凹した表面には、イワタバコやイワガラミ、ツルアジサイ、セッコクなどが生育している。山頂近くの斜面には、ブナ林やブナ・ミズナラ林、イヌシデ林があり、一部の林床にはツクシシャクナゲが分布する。さらに、春から夏にかけては、オオヤマレンゲやサイゴクミツバツツジ、ツクシシャクナゲ、ベニドウダンなど、たくさんの花が咲き乱れる。

由布岳《ゆふだけ》

荒々しい山頂部に咲くミヤマキリシマ

由布岳（1583.3 m）は、旧湯布院《ゆふいん》町の背後にそびえる小型の火山で、国東《くにさき》半島と阿蘇山《あそさん》（P.196）を結ぶ火山フロントに沿って噴出したものである。富士山《ふじさん》（P.156）型の秀麗な姿から「豊後富士《ぶんごふじ》」とも呼ばれる。

由布岳の南麓には、ススキやトダシバからなる美しい草原が広がる。これは火入れを繰り返して維持してきたものである。草原の先には、イヌシデ、コナラ、アカシデ、コガクウツギなどの雑木林がある。この林は、人が手を加えてきたと林とされているが、林床に大きな岩がゴロゴロしていることから、新期の火山活動の影響で成立した自然林である可能性を残している。

さらに登ると、再びススキ草原に変化し、その上部にはウツギ

南麓から望む由布岳。山頂部の溶岩ドームは２つに割れ、険しい岩場をつくる。

山麓の草原に侵入したカシワ。

山頂部の岩場。荒々しい地形でミヤマキリシマが生育している。

岩場の植生。ミヤマキリシマが多い。

類とノアザミが優占する低木林が見られる。山頂部に近づくと植生は一変し、ミヤマキリシマを中心に、ノリウツギ、コイワカンスゲ、ミヤマアキノキリンソウなどを交えた、低木群落が優勢になる。この群落は、強風の影響で高山ハイデの状態になったとされてきたが、筆者は新期の火山活動の影響でできた植生だと考えている。

　由布岳の山頂部は、成層火山の本体を突き破って出てきた溶岩ドームであるため、荒々しい岩山となっていて、危険な場所が少なくない。噴火の時期は、2000年前と推定されている。この岩場には、ミヤマキリシマなど、もともと火山地域にパイオニアとして出現する植物ばかりが生育している。岩場全体の植生が、遷移のもっとも初期段階にある植物群落だと考えるのが妥当であろう。

84 大分県

九重山《くじゅうさん》

ミヤマキリシマが咲き乱れる溶岩ドーム群

九重山（1791 m）は、阿蘇山（P.196）の北東にある火山群の総称で、「久住山《くじゅうさん》」、「九重《ここのえ》連山《れんざん》」、「くじゅう連山」と、さまざまな呼び方がある。山並みは、標高 1200 m付近にある「坊《ぼう》ガツル盆地」の湿原を挟んで、西側の久住山系と、東側の大船《たいせん》山系に分かれるが、どちらもミヤマキリシマ大群落が有名で、6 月を中心とする花の時期には、全山が薄い赤紫の花に染められる。この植生は、九重山の火山活動の歴史に関わりがある。

火山活動は 15 万年前までさかのぼり、初期は火砕流や軽石を噴出する活動が中心だった。数万年前には「飯田《はんだ》高原」や「久住高原」をつくった「飯田火砕流」が噴出した。しかし、現在は溶岩ドームが中心の活動に変化し、その多くが 1 万年以内と新しい。

硫黄山。1995年に噴火し、まだ噴煙を上げている。周囲の火山荒原にはコメススキが生育をはじめている。

◀星生山の火口跡。

久住山。くじゅう連山の主峰に当たる溶岩ドーム。

溶岩起源の岩塊。星生山の稜線沿いで見られる。

コケモモ。日本列島における分布の南限。

久住山《くじゅうさん》(1786.5 m)、星生山《ほっしょうざん》(1762 m)、三俣山《みまたやま》(1744.7 m)は1万年前、大船山《たいせんざん》(1786.2 m)は5000～2000年前、黒岳《くろだけ》(1587 m)は1700年前の形成である。新しい上、溶岩ドームの場合は最初、溶岩が表面に露出しているから、植生遷移はなかなか進まない。そのため全体的に樹林の発達する場所は限られ、低木林が優占するのだろう。特に新しい大船山や黒岳は、先駆植物のミヤマキリシマが優占する。

星生山の稜線《りょうせん》の続きには、硫黄山《いおうざん》という、1995年に噴火した山があり、現在でも噴煙を上げている。小さな噴火だったが、周囲には白く小さな軽石が散乱しており、そこにはコメススキが生育をはじめている。この荒れ地がどう変化していくか、興味深い。また、九重山はコケモモの南限だそうである。これも観察していただきたい。

85

熊本県

阿蘇山《あそさん》

巨大カルデラを彩る活火山と芝塚

阿蘇山は、巨大なカルデラで知られる火山である。カルデラは、9万年前の大噴火に伴う大量の火砕流の噴出により、内部に空洞ができ、陥没してできた。その後、カルデラには中岳《なかだけ》（1506 m）や高岳《たかだけ》（最高峰 1592.3 m）などいくつもの火口丘が生じ、そのうち中岳の火口からは現在も噴煙が上がっている。火口は大きな割れ目となっており、その底には乳白色をした火口湖が見られる。

火口付近は有害な噴気の影響を受けて植生を欠いている。無植生地は、噴煙が流れやすい南東方向に広がり、「砂千里《すなせんり》ヶ《が》浜《はま》」と呼ばれる火山灰地になっている。しかし、火山灰が堆積した岩陰などには、イタドリやススキがわずかに生育をはじめている。

阿《あ》蘇《そ》山上《さんじょう》神社の方へ降りていくと、道の両側にコイワカンスゲ

阿蘇山火口。噴煙がひどい時は見学できなくなる。

草千里ヶ浜。

◀砂千里ヶ浜。奥の火口からの火山砂が堆積し、植物は乏しい。

芝塚。マット状の小さな高まり。中岳の登山道のそばによくある。

ミヤマキリシマ。九州の火山の代表的な先駆植物。本州には分布しない。

が土饅頭《まんじゅう》のような小さな高まりをつくっているのが目に入る。この地形のでき方については二説ある。一説は、冬場に地面が凍結する際、草がある場所は未凍結なため、そこに泥が突き上げて高まり、芝塚《しばづか》をつくるというもの。もう一説は、風に吹かれてきた火山灰を草が溜めたためにできたというもので、前者が優勢だが、決着はついていない。

さらに、烏帽子岳《えぼしだけ》(1337.2 m)中腹に広がる「草千里ヶ浜《くさせんりがはま》」の方へ降りて行くと、高さ1～2 m、長さ5 mほどの火山灰が堆積した砂丘があり、ミヤマキリシマやイタドリが表面を覆っている。素通りしてしまう人も多いが、砂丘の地形や植生も注意して見ると面白いものである。このほか、「菊池渓谷《きくちけいこく》」や山麓の湧水も見どころだ。

86

長崎県

雲仙岳《うんぜんだけ》

平成噴火の被害と大地の恵み

雲仙岳は島原《しまばら》半島の中央にそびえる活火山だ。1990 年、山頂部をつくる普賢岳《ふげんだけ》（1359.3 m）のすぐ東側で火山活動がはじまり、溶岩ドームが成長して「平成新山《へいせいしんざん》」（1483 m）と呼ばれるようになった。平成新山は現在、普賢岳に代わる雲仙火山の最高峰となっている。

火山活動はおよそ 5 年間にわたり、火砕流や土石流などを発生させ、東麓に大きな被害をもたらした。なかでも火砕流に伴う熱風によって、水無川《みずなしがわ》の上流で 43 人もの人が亡くなったことは記憶に新しい。雲仙岳では、200 年前にも溶岩の流出があったが、この時の噴火では島原市の背後にあった眉山《まゆやま》（818.7 m）が崩れ、崩壊物質は島原湾になだれ落ちた。このため大津波が発生し、対

手前の稜線《りょうせん》が普賢岳。奥が平成新山。

雲仙地獄。至るところから噴気が生じている。

土石流に埋まった家。鞘《さや》堂のなかに保存されている。

島原湧水。山麓の代表的な湧水。澄んだ水がこんこんと湧き出している。

岸の肥後《ひご》を中心に、約1万5000人もの死者が出た。この惨事は「島《しま》原《ばら》大変《たいへん》肥後《ひご》迷惑《めいわく》」の名前で語り継がれている。島原半島はその後、ほぼ全域が世界ジオパークに指定されたが、ここでは先に述べたような火山被害とは逆に、さまざまな火山の恵みを感じることができる。小浜《おばま》温泉や雲仙温泉をはじめとする温泉、雲仙地獄などの噴気、島原市内の豊かな湧水などは、その代表的なものである。

山頂部にはミヤマキリシマ群落や、モミとハイイヌガヤ、マユミなどからなる群落がある。火砕流で内部が焼き尽くされた大野木場《おおのこば》小学校や、土石流で埋まった住宅は、ジオサイトとして保存され、新しい観光地となりつつある。各地にある見事な棚田も、厳しい自然に人が働きかけてつくった、優れた文化遺産である。

87

宮崎県

大崩山《おおくえやま》

下湧塚。花崗岩の岩峰が独特の風景をつくっている。

祝子川《ほうりがわ》。美しい渓谷が続く。岩は花崗岩。

大崩山山頂部の堆積岩地域（ホルンフェルス）は森林に覆われ、下の花崗岩地域では岩が露出している。

◀アケボノツツジ。赤紫の花が美しい。

天を刺す巨大な岩峰

大分県と宮崎県の県境付近に、祖母山《そぼさん》（1756.4 m）、傾山《かたむきやま》（1605 m）、大崩山（1643.3 m）という 3 つの山がある。三山は、九州本島ではくじゅう連山《れんざん》（P.194）に継ぐ高さで、予想以上に奥深く、険しい。大崩山はその代表で、天を刺す巨大な岩峰や岩壁が至るところに現れ、圧倒的な迫力で迫ってくる。

大崩山は、西側から登るとただの藪《やぶ》山だが、東に下って標高 1400 m くらいになると地形が急に険しくなり、至るところに岩峰や岩壁が現れる。それに伴い、それまで見られた落葉広葉樹の林に代わり、ヒメコマツやツガ、モミ、アカマツなどの針葉樹が目立ちはじめる。これは地質の変化に応じたもので、大崩山では山頂部に四万十帯《しまんとたい》の堆積岩があり、その下に花崗岩《かこうがん》がある。堆積岩部分の地形はなだらかだが、花崗岩地域では侵食に弱い部分が削り取られ、侵食に強い部分だけが残って険しい岩峰などをつくった。大崩山を代表する「下湧塚《しもわくづか》」や「小積《こづみ》ダキ」の岩峰は、このようにしてできたものである。

日本大学文理学部の高橋正樹《たかはしまさき》教授によれば、大崩山では 1400 万年くらい前、リング状になった亀裂から大量の火砕流が噴出し、リングの中央部は、堆積岩を載せたまま陥没してカルデラ（正確にはコールドロン）をつくった。その後、陥没したカルデラの内部には、マグマが上昇してきて固まり花崗岩となった。そして長い年月の間に、全体が隆起すると共に周りの侵食も進んだため、カルデラの内部が現れた。これが大崩山の現在の姿で、私たちはかつてのカルデラの内部を覗いているということになる。

霧島山《きりしまやま》

丸く大きな火口湖をもつ火山の集合体

霧島山は、九州南部に連なる20余りの火山からなる山並みである。それぞれの火山は、山体は小さいが、いずれも分不相応なほど大きな火口をもっている。たとえば、主峰・韓国岳《からくにだけ》（1700.1 m）の場合、直径約5 km、比高500 mの山体に対し、火口の直径は1.4 km、深さは280 mに達する。ほとんど臼のような形だ。火口には水が溜まり、丸く美しい湖になっていることが多い。韓国岳に隣接する「大浪池《おおなみいけ》」や、えびの高原の「不動池《ふどういけ》」、高千穂峰《たかちほのみね》（1573.4 m）東麓にある「御池《みいけ》」はその典型だ。霧島火山群は、なぜ、こんなに大きくて丸い火口をもつのだろうか。

直接的な要因は、一帯の地下浅所に帯水層が存在し、そこにマグマが上昇してくると、地下水に触れ、浅いところで水蒸気爆発

韓国岳の火口。溶岩からなる急な壁が大きな火口を取り巻いている。

高千穂峰。2011 年の新燃岳の火山灰を浴びて、植被が破壊されてしまった。

不動池。綺麗な円形をした火口湖。

硫黄山《いおうさん》。200 年前に噴火した小火山。

を起こすためだと説明されている。これなら確かに、至るところに小さい火山ができるが、この現象には、さらに原因がある。実は、霧島火山群のある一帯は、30 万年ほど前、「加久藤《かくとう》カルデラ」という大きな湖をたたえるカルデラだった。この湖はその後、火山砕屑《さいせつ》物や土砂で埋まってしまうが、地下に帯水層を残し、それが水蒸気爆発の原因になっているのだ。

霧島山では新燃岳《しんもえだけ》（1420.8 m）が 2011 年に噴火したが、ほかにも数百年前や数千年前に噴火した新しい火山が多く、その影響を受けてミヤマキリシマやコカンスゲなどの先駆植物が各地で見られる。韓国岳の南斜面下部にあるハリモミの樹林もやはり溶岩上に成立したもので、天然記念物級の見事な森になっている。

89
鹿児島県
桜島《さくらじま》

巨大カルデラの縁に生じた活火山

日本に活火山は多いが、常に噴煙を上げている火山となるとわずかである。桜島（1117 m）は、浅間山《あさまやま》（P.86）や阿蘇山《あそさん》（P.196）と並び、そうした火山の代表格である。2万9000年前、現在の錦《きん》江湾《こうわん》の場所にあった火山が大爆発を起こした。周囲にまき散らされた膨大な量の火砕流堆積物は、固まってシラス台地になるが、噴出した物質の量があまりにも多かったため、火山があったところは陥没し、カルデラとなった。これが錦江湾で、桜島はその南縁に当たる部分に生じた火山である。最初は海底で生まれたが、次第に成長して標高1000 mを超す火山島となり、1914年（大正3年）大正噴火の際、流れた溶岩で大隅《おおすみ》半島とつながった。

桜島は、大正噴火に加え、1946年（昭和21年）にも噴火したた

2万9000年前の火砕流の堆積物。軽石と火山灰からなる。

大正溶岩とその植生。クロマツの侵入がひどく、かつての迫力はなくなりつつある。

昭和溶岩とその植生。大正溶岩に比べ、小ぶりな溶岩のかけらが表面を覆い、クロマツの侵入は早い。

正面のピークは北岳。背後から噴煙が上がっている。

◀埋没した鳥居。大正の噴火の際、上部を残して火砕流と土石流に埋没した。

め、島の広い部分が新しい溶岩で覆われた。筆者がはじめて桜島を見た1970年、まだろくに植物も生えていない荒々しい景観が、はるかかなたまで広がっていた。特に大正溶岩の流れたところは、高さ5mもある溶岩の塔が乱立し、驚かされた。しかし、噴火後100年近く経った現在では、クロマツの侵入が著しく、一面マツ林となって当時の迫力は失われてしまった。数haでもマツを除去し、往時の景観を復活できないものかと思う。60年余り経った昭和溶岩も、クロマツが侵入をはじめている。

桜島の4合目に位置する「湯《ゆ》之《の》平《ひら》展望所」から見る北岳《きただけ》などは、荒々しい地形を保っているが、近年、小さな爆発の回数が増え、次の溶岩の流出が危惧されるようになってきた。

90

鹿児島県

開聞岳《かいもんだけ》

4000年前から生長をはじめた秀麗な火山

開門岳（924 m）は、薩摩《さつま》半島の先端にそびえる秀麗な火山で、「薩摩富士《ふじ》」とも呼ばれる。この美しさは、山の形成が新しく、斜面の侵食がほとんど生じていないためだ。4000年前、薩摩半島の先端に近い浅海で突然噴火がはじまり、何回も噴火を繰り返して、見事な火山に成長した。当時の人々は大いに驚いたに違いない。山は神として崇拝され、航海においては重要な目印となった。

ただ、遠望した時は単なる成層火山に見えるが、形成過程は二段に分かれる。上の写真をよく見ると、標高700 m付近に小さい段があるのがわかる。実は、これより下が本体である成層火山で、段差のあるところは、かつて存在した大きな火口の縁を示している。およそ1000年前、開門岳はこの高さで、台形のような

長崎鼻から望んだ開聞岳。7 合目付近に段差のあることがわかる。

南山麓から見上げた開聞岳。中腹は照葉樹林に覆われている。

山麓を広く覆うクロマツ林。人の手が入った林だとされているが、自然林の可能性もある。

◀花瀬崎《はなせさき》の溶岩流。荒々しい溶岩の上に津波で運ばれてきた丸みを帯びた岩が載っている。

山容であった。平安時代の 874 年と 885 年に、この火口内で噴火が起こり、中央火口丘ができた。こうして、現在の開門岳が生まれたのである。

植生も噴火の歴史を反映している。山麓はクロマツの林で、中腹はシイやタブなどの照葉樹林になっている。その上はアカガシ林で、上部は霧の影響を受けて雲霧林になっており、木の幹や枝にはコケやシダなどの付着が著しい。山頂近くは、岩がゴロゴロしており、イヌツゲ、クロバイ、ヒメユズリハ、ヒサカキなどが生育する。いずれも、平安時代の火山活動の影響を受けた低木林である。山麓から開聞岳を見上げると、植生の違いが色合いの違いになって、はっきり識別できる。

91

鹿児島県

宮之浦岳《みやのうらだけ》

花崗岩《かこうがん》と豪雨がもたらした地形と植生

宮之浦岳（1936 m）は、屋久島《やくしま》の最高峰であり、九州の最高峰でもある。昔、「種子島《たねがしま》はのっぺりした島なのに、隣の屋久島はなぜこんなに高いのか」と質問されて困ったことがある。近年の研究で、屋久島は1500万年前頃の火山フロントに当たり、貫入してきたマグマが花崗岩になって、その後、隆起したものだということが明らかになった。一方、種子島は、古第三紀層が基盤になっているものの、地形をつくっている堆積物がずっと新しいもののため、低平な地形となっている。

屋久島の特色は、険しい地形とヤクスギに代表される森林植生にあるが、いずれも花崗岩と年間雨量8000㎜を超えるという豪雨がつくり出したものである。屋久島の地形は、鏡餅のような形

宮之浦岳。亜高山針葉樹林帯の代わりにササ原が広がる。

永田岳。花崗岩のトアと転石が目立つ。

花崗岩のトア。

屋久島のシンボル縄文杉。太さに圧倒されるが、落雷や風害により高さは25mくらいしかない。

◀中腹のヤクスギの林。

に盛り上がった花崗岩を豪雨が刻み込み、残った部分が宮之浦岳や永《なが》田《た》岳《だけ》(1886 m) などの山々になったと考えられる。花崗岩の岩盤に割れ目が少ないため、山頂部は、大きく丸い岩が斜面上や稜線《りょうせん》上に点在する、不思議な景色ができあがった。

また、豪雨と険しい地形のため土壌が発達しにくく、本来ならばブナ帯になるべき標高に、ブナに代わってヤクスギが生育するという植生分布が生じた。ヤクスギの生長は遅く、そのことがヤクスギの価値を高めたということになる。

屋久島には雲霧帯もあり、かつて樹木には着生ランなどが付着して見事な樹上の植物群落が見られた。しかし現在では、盗掘により、すっかり減少してしまった。誠に惜しいことである。

豆知識 植物の垂直分布帯

山に登ると気温が下がる。100 m ごとに約 0.6℃低下するので、3000 m では 18℃も下がることになる。このため、夏は涼しいが、寒い冬場は、マイナス 10℃、20℃になり、これに強風が加わるから、雪と氷の厳しい世界となる。

ところで植物はそれぞれ生育するのに適した温度をもっている。熱帯のように暑いところを好む植物もあれば、極地のツンドラのように寒冷なところを好む植物もある。山は上に行くほど気温が下がるから、植物もこれに応じて配列し、下図に示したような分布を示すようになる。これを植物の垂直分布帯という。

■現在の日本における植物の垂直分布帯

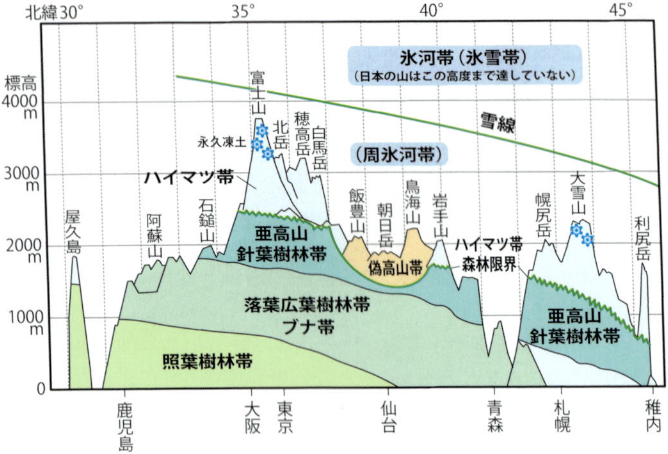

低い方から見ていくと、まずシイ類やカシ類、タブノキ、ヤブツバキなどからなる常緑広葉樹の林がある。この林は照葉樹林ともいい、水平分布の暖温帯林に相当する。中部地方では（以下、同様）標高 600 m くらいまでを占めるため丘陵帯と呼ぶ。日本列島では関東地方以南の低地に分布する。ただ照葉樹林は伐採が進み、九州の綾《あや》地方や半島の先端部、社寺の周りなどわずかしか残っていない。

次はブナやミズナラを代表とする落葉広葉樹の林で、標高 800 ～

1600 m の高さに現れる。この高度帯を山地帯というが、代表的な植物の名を取ってブナ帯と呼ぶこともある。水平分布では冷温帯林に当たり、中部地方から東北地方に分布する。ただし戦後、森林の伐採が進み、本来の林が残っているところはわずかになった。

この上が亜高山帯で、森林は主にシラビソ、オオシラビソ、コメツガ、トウヒなどの針葉樹とダケカンバからなる。水平分布の亜寒帯林に当たる。亜高山針葉樹林で高い木からなる森林は終わるので、その上限を森林限界と呼ぶ。森林限界はおよそ 2500 mの高さにある。

森林限界より上が高山帯である。そこにはハイマツとさまざまの高山植物が生育しており、ホシガラスのような鳥類や高山蝶も棲んでいる。高山帯ができるためには、山が森林限界を越える高さをもっていることが必要で、そのため高山帯のあるのは高い山に限られる。

ただ日本列島は世界一風の強い場所に当たるため、稜線《りょうせん》沿いでは雪の吹き払いと吹き溜まりが生じ、そこではハイマツが生育できない。このため、土地が空いてそこに高山植物が生育することが可能になっている。その結果、東北や北海道の山では、高山植物は本来の高度より、はるかに下まで分布している。

飯豊山《いいでさん》や鳥海山《ちょうかいさん》、越後三山《えちごさんざん》、谷川岳《たにがわだけ》など、出羽《でわ》山地や越後山脈の雪の多い山では、亜高山針葉樹林が欠けて、代わりに草原やお花畑、ササ原が広がり、高山帯によく似た植生景観を示すことが多い。これを偽高山帯と呼んでいる。

■偽高山帯のある山の分布と針葉樹林の発達程度

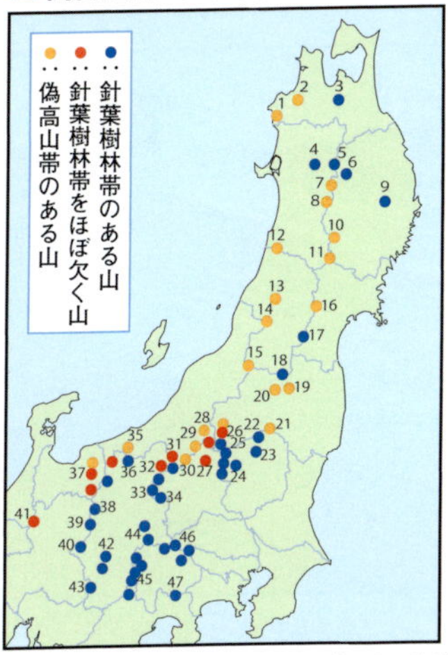

1：白神岳	2：岩木山
3：八甲田山	4：森吉山
5：八幡平	6：岩手山
7：秋田駒ヶ岳	8：和賀岳
9：早池峰山	10：焼石岳
11：栗駒山	12：鳥海山
13：月山	14：朝日岳
15：飯豊山	16：船形山
17：蔵王山	18：吾妻産
19：安達太良山	20：磐梯山
21：那須岳	22：大佐飛山
23：高原山	24：奥日光
25：尾瀬	26：会津駒ヶ岳
27：武尊山	28：越後三山
29：巻機山	30：谷川岳
31：苗場山	32：志賀高原
33：四阿山	34：浅間山
35：火打山	36：高妻山
37：北アルプス北部	38：北アルプス中南部
39：乗鞍岳	40：御嶽山
41：白山	42：中央アルプス
43：那須山	44：八ヶ岳
45：南アルプス	46：秩父山地
47：富士山	

梶本卓也、大丸裕武、杉田久志編『雪山の生態学』(東海大学出版会)を改変

豆知識 火山の分布と噴火の仕組み

①火山フロント

日本は 160 を超える火山を擁する世界一の火山国である。火山は噴火によって大きな被害をもたらすが、噴火後には美しい山体とカルデラ湖や火口湖などの湖沼、火山植生などを残し、非火山とは違った景観をつくりだす。

火山の分布には偏りがある。多いのは北海道と奥羽《おうう》山脈、九州、それに北関東と伊豆《いず》半島周辺で、阿武隈《あぶくま》高地や北上《きたがみ》高地、日高《ひだか》山脈、関東山地、赤石《あかいし》山脈、紀伊《きい》山地、四国山地には火山は存在しない。

火山の有無は何によって決まっているのだろうか。東北地方を例にプレートテクトニクス理論で説明する。日本列島に向かって移動してきた太平洋プレートは日本海溝で列島の下に潜り込んでいく。沈み込むプレートをスラブと呼ぶが、深さが 110 ㎞ 付近に達すると、スラブに含まれていた水分が放出され、上面に当たるマントルの融点を下げる。するとマントルをつくっていたかんらん岩の融解がはじまり、マグマが形成される。マグマが上昇し、地表に達したものが火山である。深さが 110㎞に達するためには、水平距離で 200 数

■東北日本におけるマグマと火山の発生メカニズム

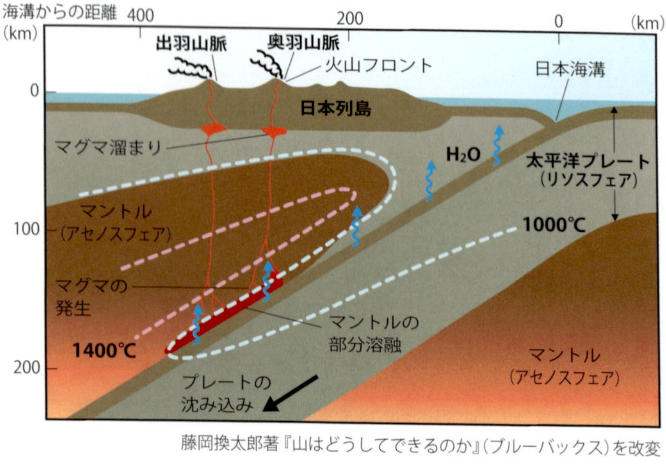

藤岡換太郎著『山はどうしてできるのか』（ブルーバックス）を改変

十㎞必要になるが、この間マグマはできないから、火山は生じない。東北地方では奥羽山脈が火山分布の東の縁に当たり、このような火山分布の限界線を「火山フロント」と呼んでいる。なお深さ170㎞付近にもマグマのできやすい場所があり、出羽山地の火山はそれに当たっている。図に日本列島の火山フロントを示した。

■日本列島の火山フロント

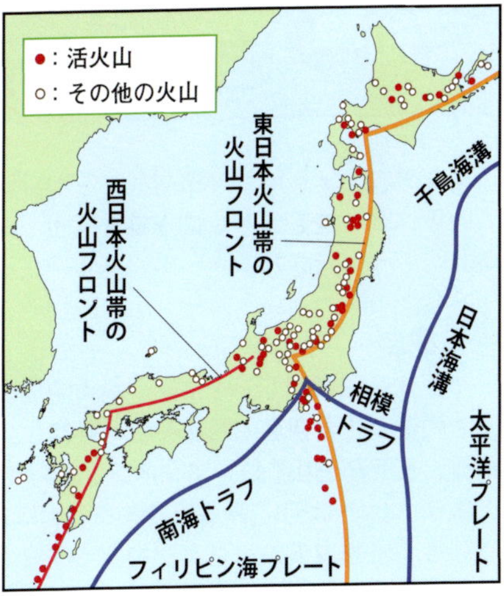

東日本火山帯の火山フロントは千島海溝、日本海溝に平行に走るが、北海道の洞爺《とうや》火山付近で一度折れ曲がり、奥羽山脈に続く。その後、さらに浅間山《あさまやま》付近で再び直角に折れ曲がって南下し、富士山《ふじさん》や伊豆半島の火山に連なる。西日本火山帯の火山フロントは、南海トラフに並行する火山列で、白山《はくさん》付近にはじまり、大山《だいせん》や三瓶山《さんべさん》を経て、阿蘇山《あそさん》や霧島山《きりしまやま》などの九州の火山に連なる。

②火山の噴出物

火山の噴出物は、液体状態で流れた「溶岩」と、バラバラに砕け散って放出された「火山砕屑《さいせつ》物」(火砕物またはテフラ)に大別される。溶岩は石英分が少ないほど粘性が低く、流れやすい。石英が多いと、粘性が高くなり、溶岩ドームをつくりやすく、爆発的な噴火をしやすい。

火山砕屑物(テフラ)は、爆発的噴火で噴出した火山灰・軽石・スコリア(赤茶～黒色をした多孔質の噴出岩片で鉄分が多い)・火山岩塊などの総称である。空に噴き上がってから地上に降下したものを「降下テフラ」と呼び、地表を流れ下って堆積したものを「火砕流」と呼んでいる。火砕流の堆積物は凝灰岩《ぎょうかいがん》と呼ばれるが、高温で再度固まったものを溶結《ようけつ》凝灰岩、火山岩塊などを取り込んで固まったものを凝灰角礫岩《かくれきがん》と分けることが多い。

豆知識 地表をつくる岩石の分類

地球の表面は土壌や沖積層などを取り除けば、すべて岩石でできている。岩石はでき方によって火成岩、堆積岩、変成岩に区分される。

①火成岩

マグマが固まってできた岩。噴火で地表に現れた岩を火山岩、地下で固まった岩を深成岩と呼ぶ。石英（二酸化珪素）分の多い岩を珪《けい》長《ちょう》質、石英が少なく鉄・マグネシウムの多い岩石を苦鉄《くてつ》質（苦とはマグネシウムのこと）と呼び、珪長質の岩ほど白く、苦鉄質の岩ほど黒くなる。流紋岩《りゅうもんがん》質のマグマが地下で固まると花崗岩《かこうがん》、玄武岩《げんぶがん》質のマグマが地下で固まると斑糲岩《はんれいがん》というように、火山岩と深成岩はそれぞれが対応する。おおよその区分は下図の通り。

■火成岩の分類

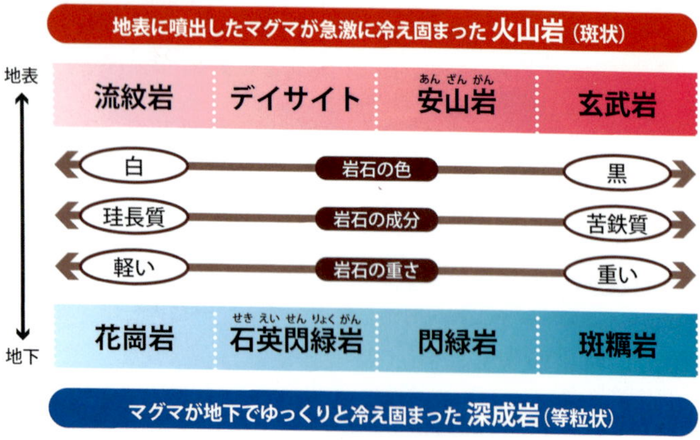

なお図にはないが、かんらん岩や蛇紋岩《じゃもんがん》のように、斑糲岩よりも石英分の少ない岩石があり、超苦鉄質岩と呼ぶ。主にマントルをつくっていたかんらん岩が直接地表に現れたもので、かつては超塩基性岩と呼んでいたが、最近は超苦鉄質岩と呼ぶことが多い。

②堆積岩

岩石は風化や侵食を受けて岩屑《がんせつ》に変化する。岩屑が河川や潮流によって運ばれ、堆積して固化したものを堆積岩という。粒子の大きさによって礫《れき》岩、砂岩《さがん》等に分ける。火山から放出された火山灰などは、火山砕屑《さいせつ》物またはテフラと呼び、やはり粒子の大きさによって区分する(下表)。火山砕屑物が団結したものを火山砕屑岩と呼ぶ。

■堆積岩の分類

堆積岩の種類		堆積岩をつくる堆積物の種類と粒子のサイズ	
泥岩	粘土岩	泥	粘土：0.0039㎜以下の岩石や鉱物の破片
	シルト岩		シルト：0.0039～0.0625㎜の岩石や鉱物の破片
砂岩		砂：0.0625～2㎜の岩石や鉱物の破片	
礫岩		礫：2㎜以上の岩石や鉱物の破片	
火山砕屑物		火山灰：0.0625㎜以下の火山噴出物	
		火山砂：0.0625～2㎜以下の火山噴出物	
		火山礫：2～64㎜以下の火山噴出物	
		火山岩塊：64㎜以上の火山噴出物	
		軽石〔パミス〕(多孔質で密度が小さく、主に灰色。珪長質のマグマの発泡によって生じやすい)	
		スコリア(多孔質で密度が小さく、黒色。苦鉄質のマグマの発泡によって生じやすい)	
火山砕屑岩(火砕岩)		凝灰岩(火山灰や軽石が固結して生じた岩石)	
		凝灰角礫岩(火山灰と火山礫が混じって固結した岩石。礫が多いものを火山礫凝灰岩と呼ぶ)	
		溶結凝灰岩(火砕流堆積物が自らの熱で再度かたまったもの。柱状節理をつくることが多い)	

堆積岩にはこのほか、炭酸カルシウムの殻をもつ有孔虫やサンゴなどが固まってできた石灰岩《せっかいがん》と、石英分の殻をもつ放散虫が固まってできたチャートがある。両方とも生物起源のもののほか、海底で化学成分が沈澱してできたものが知られている。

③変成岩

岩石が熱や圧力を受けて変化した岩石。主なものは次の４つ。

- **ホルンフェルス**……マグマの熱により、もともとあった岩石が再結晶化したもの。硬くて滝をつくりやすい。
- **大理石**………………石灰岩がマグマに触れ再結晶化したもの。
- **結晶片岩《けっしょうへんがん》**……………地下深くで強い圧力を受けて変成したもの。薄い板を重ねたような形になっていることが多い。秩《ちち》父《ぶ》の長瀞《ながとろ》や四国の大歩危《おおぼけ》、小《こ》歩危の岩が代表。
- **片麻岩《へんまがん》**………………地下で熱の影響を強く受けて変成したもの。白い結晶が独特の縞々模様をつくることが多い。隠岐《おき》島《しま》の隠岐片麻岩が典型。

■用語解説

植物の垂直分布帯については P.210、火山の噴出物と岩石の分類については P.213 ～ 215 を参照ください。

あ

アスピーテ▶楯状火山。粘性の小さい玄武岩《げんぶがん》質の溶岩流が噴出して形成された火山。傾斜が緩やかで、楯を伏せたような形をしている。

馬の背▶ある程度の幅があり、丸みを帯びた尾根。

鞍部《あんぶ》▶山稜《さんりょう》の窪《くぼ》んだところ。馬の鞍の形に似ていることからこう呼ばれる。

永久凍土▶冬に凍った土が夏に融けず、2 年以上連続して凍結状態にある土壌。

か

カール▶→ P.132「木曽駒ヶ岳」参照

階状土▶構造土のひとつ。地面が階段状に段々をつくる。

崖錐《がいすい》▶崖や急斜面の下に、落下した岩《がん》屑《せつ》が堆積してできた半円錐状の地形。

開析▶連続性を有する地表面が侵食されて多くの谷が刻まれること。

河岸段丘▶河川沿いに形成された階段状の地形。

火口丘▶中央火口丘。大きな火口やカルデラ内部に生じた新しい小火山。

火口湖▶火口にできた湖。

火口原▶大きな火口やカルデラ内にある平坦地。

火砕丘▶火山活動で放出された火山砕《さい》屑《せつ》物が火口の周りに堆積してできた円錐形の小さな丘。

火山弾▶噴出した溶岩の破片が空中で冷え固まったもの。

活火山▶およそ 1 万年前以内に噴火した火山。または現在、活発的な噴気活動が見られる火山。

ガリー▶流水によって地表が溝状に侵食された地形。

カルデラ▶爆発や陥没などの火山活動によって生じた大きな凹地。

岩塊斜面▶→ P.52「早池峰山」参照

完新世▶地質時代の第四紀の後期に当たる約 1 万年前～現在。

岩屑《がんせつ》**なだれ**▶不安定になった火山の一部が麓まで高速に滑り落ちる現象。

間氷期▶氷期と氷期の間の温暖な時期。

偽高山帯▶→ P.62「飯豊山」、P.76「巻機山」参照

亀甲土▶多角形土。多角形の模様を形成する構造土の一種。

基盤岩▶地殻を構成する硬い岩体。

キャップロック▶下の層を保護するように覆う岩の層。

キレット▶稜線《りょうせん》の一部が深く切れ落ちているところ。

ケルミ・シュレンケ▶傾斜のある高層湿原で、帯状に小凸地（ケルミ）と小凹地（シュレンケ）を繰り返す微地形。

高茎草原▶山地帯や亜高山帯の雪崩地や崩壊地に成立する草丈の高い草原。亜高山帯の場合は、イブキトラノオ、ハクサンフウロなど広い葉をもつ植物が多いので、「広葉草原」と呼ぶ。

荒原▶噴火後間もない場所、崩壊地、土壌が凍結融解を繰り返す場所など、不安定な土地条件に加え、気象条件が厳しく、特定の植物しかまばらに生育できないところ。このような場所に成立する植物群落を「荒原群落」と呼ぶ。

更新世▶地質時代の第四紀の前期に当たる約 258 万年～ 1 万年前。

高山ハイデ▶高山の風衝地に分布する矮性《わいせい》低木群落。

高層湿原▶寒冷多湿な土地に発達するミズゴケが主となる泥炭湿原。

構造土▶→ P.85「草津白根山　本白根山」参照

後氷期▶最終氷期終了後の約 1 万年前

から現代までの期間。

コールドロン▶カルデラのひとつ。大量のマグマがリング状に噴出したことで、地下のマグマ溜まりが空洞になり陥没してできた凹地。

古第三紀▶地質時代の新生代の初期に当たる約6550万年前～2300万年前。

小氷期▶→P.99「高尾山」参照

さ

最終氷期▶最後の氷期。約7万年前～1万年前。

山体崩壊▶火山活動や地震などで山体の一部が崩れ落ちる現象。

縞枯れ現象▶→P.148「縞枯山」参照

四万十《しまんと》層▶白亜紀～古第三紀の堆積岩からなる地層で、砂岩やチャートなどで構成される。

四万十《しまんと》帯▶房総半島から関東山地、中部地方、紀伊半島、四国、九州、南西諸島まで、太平洋側を帯状に延びる四万十層群を基盤とする地質構造区。

ジュラ紀▶地質時代の中生代の中期に当たる約1億9660万年前～1億4550年前。

条線土▶→P.137「鳳凰山」参照

新第三紀▶地質時代の新生代の中期に当たる約2300万年前～258万年前。

森林限界▶垂直分布帯のなかで森林（高木林）が成立する上部限界、亜高山帯の針葉樹林やダケカンバ林の上限に当たる。

水蒸気爆発▶上昇してきたマグマの熱により地下水が急激に気化・膨張して、火口や山体を破砕する現象。溶岩の流出は伴わない。

垂直分布帯▶標高変化に応じて植生が交代する帯状分布の全体をいう。区分の詳細はP.210を参照。

スコリア丘▶噴火口周辺にスコリアが積もってできた丘。

成層火山▶中心火口からの噴火を繰り返し、溶岩や火山砕屑物が積み重なってできた円錐状の火山。

雪渓▶冬に堆積した雪が、夏でも解けずに残っている谷間。

雪田▶高山帯や亜高山帯の東斜面など、夏まで多量の積雪が残る凹地。雪解け後はイワイチョウ、ハクサンコザクラなどが育つ。

雪庇▶稜線や山頂などの風下側に張り出した雪の塊。

先駆植物▶遷移の初期に、裸地に最初に侵入して定着する植物。

側火山▶中央の火口以外の中腹や山麓などに噴出した小火山。

側堆石▶谷氷河の両側縁に形成される岩屑。土手のように堆積する。

た

帯水層▶地層を構成している粒子の隙間が大きいため、透水性が高く、地下水が飽和している地層。

第四紀▶地質時代の新生代の後期に当たる約258万年前～現在。

単成火山▶→P.176「神鍋山」参照

断層崖▶断層運動によって直接生じた急斜面。

地衣類▶岩や木の表面につくコケに見える生物。菌類が藻類と共生したもの。

池塘《ちとう》▶湿原や泥炭地にできる池沼。

着生ラン▶樹木の幹や枝、岩の上などに根を張り、生育するラン科植物。

中生代▶地質時代の古生代と新生代の間に当たる約2億5100万年前～6550万年前。恐竜が生息していた時代。

超塩基性岩・超塩基性岩植物▶→P.37「アポイ岳」参照

ツンドラ植生▶水平的な森林限界の北方に広がる寒帯の植生。多年草や低木類、蘚苔《せんたい》類、地衣類などからなる。地下に永久凍土が存在し、地表に近い部分が夏季に融解する。

凍結破砕作用▶岩石の隙間に入った水が凍結し、膨張することで岩を破砕する作用。

な

流れ山▶山体が大規模に崩落し、山麓に流下して岩屑《がんせつ》が堆積した小丘。

雪崩地▶雪崩が頻繁に生じるため、雪圧による破砕作用が著しいところ。亜高山帯以下の森林が成立する範囲でも、雪崩地では草原や低木林しか見られない。

二次林▶原生林が伐採や火災などで破壊された後、自然に再生した森林。

は

パイオニアプランツ▶→先駆植物

白亜紀▶地質時代の中生代の後期に当たる約1億4550万年前〜6650万年前。

爆裂火口▶水蒸気爆発などの爆発で山体の一部が吹き飛んでできた火口。

ビュート▶侵食によってできた孤立丘。

氷河▶積雪が変化した厚い氷体。重力によって流動する。

氷河地形▶流動する氷河の侵食、運搬、堆積作用によってできた地形。カール、モレーンなど。

氷期▶氷河期。数万年という長期にわたって気候が寒冷化し、大陸氷河や山岳氷河が拡大した時期。

氷食▶氷河の侵食作用。岩石面を研磨したり、土砂などを削ったりする。

風衝地▶高山帯の山頂や西斜面など、冬の強い季節風にさらされ、積雪が極端に少ないところ。土壌は凍結し、そこに生える植物も冬期の低温に直面する。

風背地▶稜線《りょうせん》の東側の風当たりが弱く、雪が溜まりやすい場所。

浮石▶軽石。→ P.215 参照

崩壊地▶山体の一部が崩れたところ。下方に大量の土砂が堆積する。または凹形となる急斜面のように、頻繁に崩壊を繰り返すところ。

ま

迷子石▶氷河に運ばれてきた岩塊が別の場所に残されたもの。

メランジュ▶プレートにのって移動してきた火山岩、石灰岩などが海溝の底で陸から運ばれてきた砂や泥と混じり合い、生じた堆積物。

モレーン▶氷河地形のひとつ。氷河が削り運搬してきた岩石や岩屑などの堆積物またはその堆積物によってできた地形。

や

痩せ尾根▶両側の斜面が急峻《きゅうしゅん》で、細い尾根。

溶岩▶噴火時にマグマが溶融状態で流れ出たものまたはそれが固結した岩石。

溶岩ドーム▶溶岩円頂丘のこと。地下から上がってきたマグマの粘性が高いために火口から流れ出ずに盛り上がってできたドーム状の地形。

溶岩台地▶流出した粘性の低い玄《げん》武《ぶ》岩《がん》質の溶岩が水平に重なってできた大地。

溶岩平頂丘▶溶岩ドームの一種。溶岩の粘性が小さいため、上面が平坦になっている。

溶岩流▶噴き出した溶岩が麓に向かって流下する現象。またはそれが冷え固まってできた地形。

羊背岩《ようはいがん》▶基盤岩が氷食を受けて生じた丸みを帯びた突起。

ら

硫《りゅう》気《き》▶→ P.44「恵山」参照

わ

矮性《わいせい》低木▶地下茎が地表面付近をはい、高さは通常10cmを超えないごく小さな低木。矮低木ともいう。

割れ目噴火▶地表に生じた割れ目から噴火する現象。

山岳別・自然の見どころデータ

	山岳名	日本百名山	国指定特別天然記念物	国指定天然記念物	世界遺産	世界ジオパーク	地質百選	国立公園	国定公園	都道府県立公園
北海道エリア	礼文岳							●		
	利尻山	●						●		
	羅臼岳	●			●		●	●		
	暑寒別岳								●	
	大雪山	●	●					●		
	十勝連山	●						●		
	芦別岳									●
	夕張岳			●			●			●
	幌尻岳	●					●		●	
	戸蔦別岳								●	
	アポイ岳		●				●		●	
	羊蹄山	●		●				●		
	樽前山							●		
	北海道駒ヶ岳								●	
	恵山									●
東北エリア	八甲田山	●						●		
	八幡平	●						●		
	岩手山	●	●	●				●		
	早池峰山	●	●	●					●	
	秋田駒ヶ岳			●				●		
	鳥海山	●		●			●		●	
	朝日岳	●					●	●		
	蔵王山	●							●	
	飯豊山	●						●		
	吾妻山	●		●				●		
	磐梯山	●					●	●		
	会津駒ヶ岳	●						●		
	田代山							●		
	帝釈山							●		
	平ヶ岳	●							●	
	巻機山	●								●
	谷川岳	●						●		

	山岳名	日本百名山	国指定特別天然記念物	国指定天然記念物	世界遺産	世界ジオパーク	地質百選	国立公園	国定公園	都道府県立公園
上信越・関東エリア	妙高山	●						●		
	火打山	●						●		
	至仏山	●						●		
	燧ヶ岳	●						●		
	草津白根山	●						●		
	本白根山			●				●		
	浅間山	●	●				●	●		
	妙義山								●	
	那須岳	●						●		
	日光白根山	●						●		
	筑波山	●					●		●	
	清澄山								●	
	高尾山								●	
	天上山（神津島）							●		
	丹沢山地	●					●		●	●
日本アルプスエリア	白馬岳	●	●					●		
	鹿島槍ヶ岳	●						●		
	剱岳	●						●		
	立山	●		●			●	●		
	薬師岳	●	●					●		
	雲ノ平（祖父岳）							●		
	黒部五郎岳	●						●		
	燕岳							●		
	蝶ヶ岳							●		
	蓮華岳							●		
	槍ヶ岳	●						●		
	穂高岳	●						●		
	木曽駒ヶ岳	●								●
	甲斐駒ヶ岳	●						●		
	鳳凰山	●						●		
	北岳	●						●		
	赤石岳	●						●		

	山岳名	日本百名山	国指定特別天然記念物	国指定天然記念物	世界遺産	世界ジオパーク	地質百選	国立公園	国定公園	都道府県立公園
中部エリア	八ヶ岳	●		●			●		●	
	縞枯山								●	
	金峰山	●						●		
	瑞牆山	●						●		
	岩殿山									
	富士山	●		●	●		●	●		
	天城山	●						●		
	乗鞍岳	●						●		
	御嶽山	●					●			●
	白山	●						●		
近畿・中国・四国エリア	伊吹山	●		●					●	
	大峰山	●			●			●		
	大江山								●	
	六甲山						●	●		
	神鍋山					●			●	
	氷ノ山					●			●	
	扇ノ山					●			●	
	大山	●	●					●		
	大満寺山					●		●		
	三瓶山			●				●		
	阿武単成火山群								●	
	石鎚山	●							●	
九州・沖縄エリア	英彦山			●					●	
	由布岳							●		
	九重山			●				●		
	阿蘇山	●					●	●		
	雲仙岳			●		●	●	●		
	大崩山								●	
	霧島山	●					●	●		
	桜島						●	●		
	開聞岳	●						●		
	宮之浦岳	●	●		●		●	●		

おわりに

山の自然は本書で紹介してきたように、地形・地質や自然史、気象条件などがつながって成り立っている。したがって本書の執筆には、地形・地質から植生まで広範な知識を必要とし、さらにそれらを結びつける能力が要求される。しかし、こうしたつながりを把握できる研究者はごくわずかしかいないため、執筆者を探すのが一苦労であった。一時は私が一人で書くことも考えたほどであるが、全国の山を対象にした場合、それはとうてい困難である。そこで、北海道の山についてはすべて北海学園大学の佐藤謙さんにお願いすることにした。佐藤さんは『北海道高山植生誌』（北大図書刊行会）という優れた著書のある、北海道の高山植生研究の第一人者である。ただ快くお引き受けいただいたにもかかわらず、こちらの都合で編集作業が順調にいかず、佐藤さんにはずいぶん迷惑をかけてしまった。しかし時間がかかった分、内容の充実した本ができた。共著者ではあるが、ここでお詫びと感謝の気持ちを述べておきたい。

本書の執筆に当たり、もうひとつ苦労したのが写真である。古いスライドのなかには劣化がひどく、使えないものも少なくなかった。やむを得ず、いろいろな方々に声をかけて写真を提供していただくことになった。快く写真をお貸しくださった方々に心から御礼申し上げたい。また編集を担当していただいた文一総合出版の椿康一氏と、細かい点までチェックしていただいた木島理恵さんに感謝申し上げる。

小泉武栄

■著者プロフィール

小泉武栄（こいずみ・たけえい）

1948年、長野県生まれ。東京学芸大学名誉教授。理学博士。日本ジオパーク委員会委員なども務める。専門分野は自然地理学、第四紀学、地生態学。これまでに「松下幸之助花の万博記念奨励賞」（松下幸之助花の万博記念財団）、「日本地理学会賞優秀賞」、「沼田真賞」（日本自然保護協会）を受賞。著書に『観光地の自然学　ジオパークにまなぶ』（古今書院）、『自然を読み解く山歩き』（JTBパブリッシング）、『山の自然学』（岩波書店）、『日本の山はなぜ美しい―山の自然学への招待』（古今書院）などがある。

佐藤謙（さとう・けん）［北海道エリア執筆］

1948年、岩手県生まれ。北海学園大学教授。博士（学術）。専門分野は植生生態学、植物地理学。長年、北海道自然保護協会や北海道の公職などにおいて、植物を中心とした自然保護活動を続ける。これまでに「松下幸之助花の万博記念奨励賞」（松下幸之助花の万博記念財団）、「沼田真賞」（日本自然保護協会）を受賞。著書に『北海道高山植生誌』（北海道大学出版会）、増沢武弘編『高山植物学　高山環境と植物の総合科学』（共立出版／分担執筆）、宮脇昭編『日本植生誌北海道』（至文堂／分担執筆）などがある。

写真協力	石井稜子	岩船昌起	梅澤　俊	小野有五
	木村マサ子	小池忠明	佐々木夏来	澤田結基
	清水長正	鈴木郁夫	関　秀明	西井稜子
	長谷川裕彦	古市竜太	鉾谷寿一	松本明日
	宮本誠一郎	目代邦康		＊五十音順・敬称略

編　　集　椿　康一（文一総合出版）
　　　　　木島理恵　ニシ工芸株式会社

デザイン　ニシ工芸株式会社

■参考ウェブサイト

国指定文化財等データベース　http://kunishitei.bunka.go.jp/bsys

環境省・日本の世界自然遺産
　http://www.env.go.jp/nature/isan/worldheritage/

地質情報ポータルサイト　http://www.web-gis.jp

日本ジオパークネットワーク　http://www.geopark.jp/

※本書の山岳名、標高値は原則として国土地理院「電子国土基本図（地図情報）」（http://watchizu.gsi.go.jp）に準拠。

列島《れっとう》自然《しぜん》めぐり　ここが見《み》どころ 日本《にっぽん》の山《やま》 —地形《ちけい》・地質《ちしつ》から植生《しょくせい》を読《よ》む—

2014 年 6 月 20 日　初版第 1 刷発行

著　者　小泉武栄
　　　　佐藤　謙
発行者　斉藤　博
発行所　株式会社　文一総合出版
　　　　〒 162-0812　東京都新宿区西五軒町 2-5
　　　　Tel : 03-3235-7341（営業）
　　　　Fax : 03-3269-1402
　　　　http://www.bun-ichi.co.jp　振替：00120-5-42149
印　刷　奥村印刷

ISBN978-4-8299-8802-2　　Printed in Japan